ISW 8

Berichte aus dem Institut für Steuerungstechnik
der Werkzeugmaschinen und Fertigungseinrichtungen
der Universität Stuttgart

Herausgegeben von Prof. Dr.-Ing. G. Stute

E. Knorr

Numerische Bahnsteuerung zur Erzeugung von Raumkurven auf rotationssymmetrischen Körpern

Springer-Verlag
Berlin · Heidelberg · New York 1973

Mit 57 Abbildungen

ISBN-13: 978-3-540-06464-0　　　　　　e-ISBN-13: 978-3-642-80789-3
DOI: 10.1007 / 978-3-642-80789-3

Das Werk ist urheberrechtlich geschützt. Die dadurch begründeten Rechte, insbesondere die der Übersetzung, des Nachdrucks, der Entnahme von Abbildungen, der Funksendung, der Wiedergabe auf photomechanischem oder ähnlichem Wege und der Speicherung in Datenverarbeitungsanlagen bleiben, auch bei nur auszugsweiser Verwertung, vorbehalten.
Bei Vervielfältigungen für gewerbliche Zwecke ist gemäß § 54 UrhG eine Vergütung an den Verlag zu zahlen, deren Höhe mit dem Verlag zu vereinbaren ist.
© by Springer-Verlag, Berlin/Heidelberg 1972.
Library of Congress Catalog Card Number 73-13499

Vorwort des Herausgebers

Das Institut für Steuerungstechnik der Werkzeugmaschinen und Fertigungseinrichtungen der Universität Stuttgart befaßt sich mit den neuen Entwicklungen der Werkzeugmaschine und anderen Fertigungseinrichtungen, die insbesondere durch den erhöhten Anteil der Steuerungstechnik an den Gesamtanlagen gekennzeichnet sind. Dabei stehen die numerisch gesteuerte Werkzeugmaschine in Programmierung, Steuerung, Konstruktion und Arbeitseinsatz sowie die vermehrte Verwendung des Digitalrechners in Konstruktion und Fertigung im Vordergrund des Interesses.

Im Rahmen dieser Buchreihe sollen in zwangloser Folge drei bis fünf Berichte pro Jahr erscheinen, in welchen über einzelne Forschungsarbeiten berichtet wird. Vorzugsweise kommen hierbei Forschungsergebnisse, Dissertationen, Vorlesungsmanuskripte und Seminarausarbeitungen zur Veröffentlichung.

Diese Berichte sollen dem in der Praxis stehenden Ingenieur zur Weiterbildung dienen und helfen, Aufgaben auf diesem Gebiet der Steuerungstechnik zu lösen. Der Studierende kann mit diesen Berichten sein Wissen vertiefen.

Unter dem Gesichtspunkt einer schnellen und kostengünstigen Drucklegung wird auf besondere Ausstattung verzichtet und die Buchreihe im Fotodruck hergestellt.

Der Herausgeber dankt dem Springer-Verlag für Hinweise zur äußeren Gestaltung und Übernahme des Buchvertriebs.

Stuttgart, im Februar 1972

Gottfried Stute

Vorwort

Die vorliegende Arbeit entstand während meiner Tätigkeit als wissenschaftlicher Assistent am Institut für Steuerungstechnik der Werkzeugmaschinen und Fertigungseinrichtungen der Universität Stuttgart.

Herrn Prof. Dr.-Ing. G. Stute, dem Leiter des Institutes, bin ich für sein stetes Interesse und die wertvollen Anregungen während des Entstehens dieser Arbeit zu großem Dank verpflichtet.

Den Herren Professoren Dipl.-Ing. K. Tuffentsammer und Dr. rer. nat. H. Schaal danke ich für die eingehende Durchsicht der Arbeit und die sich daraus ergebenden Hinweise.

Allen Mitarbeitern des Institutes, die mir bei der Anfertigung dieser Arbeit behilflich waren, danke ich ebenfalls. Dieser Dank gilt besonders den Herren Dr.-Ing. A. Storr, Dipl.-Ing. E. Bauer, Dipl.-Ing. D. Binder und Dipl.-Ing. H. Esch.

Eckhard Knorr

Inhaltsverzeichnis

	Seite
Vorwort	3
Schrifttum	8
Abkürzungsverzeichnis	11
Formelzeichen und Einheiten	13
Vektoren	18
Formelzeichen für Schaltvariable	19

1 Einleitung — 22

2 Die Anforderungen an die numerische Sondersteuerung — 24
  2.1 Die Aufgaben der numerischen Bahnsteuerung — 24
  2.2 Der natürliche Parameter der Raumkurve — 25
  2.3 Zusammenfassung — 28

3 Ermittlung der Zeitfunktionen — 29
  3.1 Darstellung der Raumkurve — 29
  3.2 Darstellung des Werkzeugvektors — 29
  3.3 Die Zeitfunktionen — 35
  3.4 Zusammenfassung — 35

4 Raumkurven auf Drehflächen — 36
  4.1 Geometrie von Drallnuten auf Werkzeugen — 36
  4.2 Definition des Schneidenverlaufs — 37
  4.3 Böschungslinien auf Drehflächen — 39
  4.4 Loxodrome auf Drehflächen — 40
  4.5 Weitere Möglichkeiten zur Definition des Nutenverlaufs — 44
  4.6 Zusammenfassung — 44

5 Fertigungseinrichtungen zur Herstellung von Drallnuten — 45
  5.1 Die Auswahl der Maschine — 45
  5.2 Die Zeitfunktionen der Nutenfräsmaschine — 49

5.2.1 Tangentenvektor der Raumkurve, Tangentenvektoren der Fläche, Normalenvektor der Fläche … 50
5.2.2 Werkzeugvektor des Formfräsers auf Drehflächen … 52
5.2.3 Die Transformationsgleichungen der Nutenfräsmaschine … 54
5.2.4 Die Zeitfunktionen zweier Bearbeitungsbeispiele … 55
5.3 Zusammenfassung … 57

6 Numerische Integration … 58
6.1 Elementare numerische Integrationsverfahren … 58
6.2 Die Digitale Differenzen Summation … 61
6.3 DDA - Integratoren … 64
6.4 Bestimmung der Registerlänge von DDA - Integratoren … 66
6.5 Dimensionierung des Beispiels $z = -\ln(1-x)$ … 69
6.6 Bedeutung des DDA-Verfahrens für die numerische Sondersteuerung … 73

7 Interpolation von Raumkurven … 75
7.1 Die kanonische Entwicklung des Ortsvektors der Raumkurve … 76
7.2 Die Rohrfläche als Toleranzgrenze der näherungsweise dargestellten Raumkurve … 79
7.3 Berechnung der Schnittpunkte zwischen Näherungskurve und Rohrfläche … 80
7.4 Das Newtonsche Näherungsverfahren zur Wurzelverbesserung … 81
7.5 Ermittlung der Rohwerte für das Newtonsche Verfahren … 82
7.6 Berechnungsbeispiel und Ergebnisse … 83
7.7 Das Konzept eines Steuerungsverfahrens … 85
7.8 Zusammenfassung … 87

8 **Entwurf und Aufbau einer numerischen Sondersteuerung** ... 89
8.1 Aufgabenstellung und Bearbeitungsablauf ... 89
8.2 Ermittlung der Steuergleichungen der numerisch gesteuerten Achsen ... 91
8.3 Meßsysteme und Antriebe ... 95
8.4 Die steuerungstechnische Aufgabe und die Wahl des Codes für das Rechenwerk ... 97
8.5 Die Struktur des Rechenwerkes für die Mehrfach-Addition und Subtraktion ... 100
 8.5.1 Das Rechenwerk für das DDA-Verfahren ... 100
 8.5.2 Das Rechenwerk für die Subtraktionsoperation ... 104
 8.5.3 Das Rechenwerk für die Teilungsoperation ... 108
8.6 Die Struktur der Steuerung ... 109
 8.6.1 Der Rechen-Schiebetaktgenerator ... 111
 8.6.2 Der Frequenzgenerator ... 111
 8.6.3 Die Erfassung der Istwerte ... 113
 8.6.4 Koinzidenzsperre, Wegregler, Digital-Analog - Umsetzer ... 114
8.7 Der Programmschrittzähler: PSZ ... 120
 8.7.1 Programmablauf: AFNP ... 123
 8.7.2 Programmablauf: DDA ... 126
8.8 Gesichtspunkte zum Aufbau der Steuerung ... 127

9 **Zusammenfassung** ... 130

Schrifttum

[1] Herold, H.-H., W. Maßberg und G. Stute — Die numerische Steuerung in der Fertigungstechnik. Düsseldorf: VDI-Verlag, 1971.

[2] Schmid, D. — Interpolationsverfahren bei numerischen Bahnsteuerungen. Steuerungstechnik 2 (1969) 9, S. 342 ... 349.

[3] Bronstein, I.N. und K.A. Semendjajew — Taschenbuch der Mathematik. Frankfurt/Main: Harri Deutsch, 1962.

[4] APT Part Programming Manual: APT Dictionary. IIT Research Institute, 1963.

[5] DIN 1889 — Gesenkfräser, kegelig mit Zylinderschaft. Ausgabe Juli 1957.

[6] Geyer, M. — Das Fräsen, Band I. Berlin: VEB Verlag Technik, 1961.

[7] Bruins, D.H. — Werkzeuge und Werkzeugmaschinen, Band 2. München: Carl Hanser Verlag, 1970.

[8] Fiala, T.H. — Die Herstellung von Sonderwerkzeugen durch Schleifen ins Volle. Werkstatt und Betrieb 98 (1965) 5, S.310 ... 314.

[9] Strubecker, K. — Differentialgeometrie I. Sammlung Göschen Bd. 1113/1113a, 1964.

[10] Strubecker, K. — Differentialgeometrie II. Sammlung Göschen Bd. 1179/1179a, 1968.

[11] Esch, H. — Der geometrische Aufbau von 5-Achsen-Maschinen. Ind.-Anz. 94 (1972) 62, S.1542/1543.

[12] Esch, H. — Unveröffentlichter Forschungsbericht des Instituts für Steuerungstechnik der Werkzeugmaschinen und Fertigungseinrichtungen der Universität Stuttgart, 1972.

[13] Hämmerlin, G. — Numerische Mathematik I. Hochschulskripten des Bibliographischen Instituts Bd. 498/498a, 1970.

[14] Handel, P.v.   Electronic Computers.
Wien: Springer, 1961.

[15] Eisinger, J.   Fräserbahnabweichungen aufgrund
der Kinematik und Interpolation
an numerisch gesteuerten Mehrachsenfräsmaschinen.
Diss. Universität Stuttgart, 1972.

[16] Michaelis, H.   Interpolationsverfahren mit natür-
lichen Polynomen im Hinblick auf die
Steuerung von Werkzeugmaschinen.
VDI-Zeitschrift 104 (1962) 35,
S. 1806 ... 1813.

[17] Strubecker, K.   Differentialgeometrie III.
Sammlung Göschen Bd. 1180/1180a, 1969.

[18] Schmid, D.   Beitrag zur Auslegung numerischer
Bahnsteuerungen.
Diss. Universität Stuttgart, 1971.

[19] Augsten, G.,
K. Boelke,
D. Schmid und
G. Stute   Lageregelung an Werkzeugmaschinen.
Seminarumdruck, herausgegeben
vom Institut für Steuerungstechnik der Werkzeugmaschinen
und Fertigungseinrichtungen
der Universität Stuttgart, 1972.

[20] Häusser, B.   Unveröffentlichte Studien-
arbeit.
Institut für Steuerungstechnik
der Werkzeugmaschinen und
Fertigungseinrichtungen der
Universität Stuttgart, 1972.

[21] Kintner, P.   High - Speed Decimal to Binary
and Binary to Decimal Conversion.
Control Engineering 18 (1971) 8,
S. 61 ... 63.

[22] Lotze, A.   Vorlesungsmanuskripte.
Universität Stuttgart, 1970.

[23] Kalthoff, M.   Fortlaufende Differenzzählung zweier
nicht synchroner Impulsserien.
Elektronische Rundschau 14 (1960) 6,
S. 240 ... 245.

[24] Keßler, C.   Digitale Signalverarbeitung in der
Regelungstechnik.
Berlin: VDE-Verlag, 1962.

[25] Egan, F. — D/A Conversion.
Electronic Design 16 (1968) 22,
S. 49 ... 88.

[26] Konchalovskii, Yu. v. — On the Accuracy of a Contactless
Code- to- Voltage Converter.
Automation and Remote Control
23 (1962) 12, S. 1607 ... 1614.

[27] Aisermann, M.A.,
L.A. Gussew,
L.I. Rosonoer,
I.M. Smirnowa
und A.A. Tal. — Logik, Automaten, Algorithmen.
München und Wien: Oldenbourg
Verlag, 1967.

[28] Lewin, D.W. — A New Approach to the Design of
Asynchronous Logic.
The Radio and Electronic Engineer,
36 (1968) 12, S. 327 ... 334.

[29] Stute, G. — Untersuchungen von Schaltkreissystemen
für den Einsatz in Steuerungen von
Fertigungseinrichtungen, Heft 2.
VDW-Forschungsbericht Nr. 1001,
Oktober 1971.

[30] Kunath, H. — Praxis der Funkentstörung.
Heidelberg: Hüthig, 1965.

Abkürzungsverzeichnis

A, A'	Rotatorische Achse
$\underline{A}$'	Rotatorische Achse, ersetzt eine translatorische
Add.	Addierwerk
AFNP	Programmschritt: Aufnahme der Nullpunkte
ANC	Betriebsart: Automatik NC
ANNP	Programmschritt: Anfahren der Nullpunkte
ANVWP	Programmschritt: Anfahren der Vorwahlpunkte
B, B'	Rotatorische Achse
$\underline{B}$'	Rotatorische Achse, ersetzt eine translatorische
B-System	Bahnkurven-Koordinaten-System
C	Dynamischer Speichereingang, rotatorische Achse
C'	Rotatorische Achse
$\underline{C}$'	Rotatorische Achse, ersetzt eine translatorische
Copy	Übernahme des Wertes aus dem Y_V-Register in das Y-Register
D	Statischer Speichereingang
D/A	Digital-Analog-Umsetzer
DDA	Digitaler Integrator (Digital Differential Analyser), Programmschritt
ELR	Programmschritt: Eilrücklauf
END	Programmschritt: Ende der Bearbeitung
ENZO	Betriebsart: Einzeloperation
ENZS	Betriebsart: Einzelsatz
Erg.	Ergebnisregister
ff	Folgende Formeln
$\sim$G	Frequenzgenerator
HND	Betriebsart: Hand
M-System	Maschinen-Koordinaten-System
NC	Numerische Steuerung (Numerical Control)
PRM	Impulsfrequenz-Zählverfahren (Pulse Rate Multiplier)
PSZ	Programm-Schritt-Zähler
p	Problemwert
Q	Speicherausgang
$\overline{Q}$	Speicherausgang mit logisch negiertem Signal von Q

R	Statischer Speichereingang: Rücksetzeingang, rotatorische Achse
R'	Rotatorische Achse
$\underline{R}$'	Rotatorische Achse, ersetzt eine translatorische
r	Rechenwert
S	Statischer Speichereingang: Setzeingang
$S_0, S_1 \ldots S_9$	Stromschalter
T, T'	Translatorische Achse
TLN	Programmschritt: Teilen
TTL	Transistor Transistor Logik
Ü	Übertragsregister
W-System	Werkstück-Koordinaten-System
X'	Translatorische Achse
Y	Register, translatorische Achse
Y'	Translatorische Achse
Z	Register, translatorische Achse
Z_1', Z_2'	Translatorische Achse
⎍	Rechteckimpulsformer

Formelzeichen und Einheiten

A		Koeffizient einer Vektorgleichung
a		Integralgrenze
a	mm	Radius der Rohrfläche
a_M	°	Koordinate der rotatorischen Achse A_M
a_0, a_1, a_9, a_n		Zweiwertiger Koeffizient der Leerlaufspannung des Leiternetzwerkes
a_0	mm	Koeffizient einer Zeitfunktion
a_1	$\frac{mm}{s}$	Koeffizient einer Zeitfunktion
a_2	$\frac{mm}{s^2}$	Koeffizient einer Zeitfunktion
B		Koeffizient einer Vektorgleichung
b		Integralgrenze
b	mm	Bogenlänge des Meridians
b_M'	°	Koordinate der rotatorischen Achse B_M'
b_0	mm	Koeffizient einer Zeitfunktion
b_1	$\frac{mm}{s}$	Koeffizient einer Zeitfunktion
b_2	$\frac{mm}{s^2}$	Koeffizient einer Zeitfunktion
C		Koeffizient einer Vektorgleichung
c_M'	°	Koordinate der rotatorischen Achse C_M'
d		Koeffizient einer Vektorgleichung
E		Koeffizient der 1. Gaußschen Fundamentalform
e_1, e_2, e_3	mm	Koordinate
F		Koeffizient der 1. Gaußschen Fundamentalform
f		Funktion
f	Hz	Frequenz
f_{dx}	Hz	Eingabefrequenz eines Integrators
f_{dz}	Hz	Ausgabefrequenz eines Integrators

f_{max}	Hz	Maximale Taktfrequenz
G		Koeffizient der 1. Gaußschen Fundamentalform
g		Funktion
H	mm	Kegelhöhe
h		Funktion, Integrationsschrittweite
h	mm	Spindelsteigung, Steigung der Drallnut auf dem Zylinder
i		Getriebeübersetzungsverhältnis
k		Koeffizient eines Integrators
k_{dx}, k_{dy}, k_{dz}, k_y		Umrechnungsfaktor
k_v	$\frac{1}{s}$	Geschwindigkeitsverstärkung
L	mm	Abstand
M_n	kpm	Nennmoment
n	mm	Bogenlänge der Normalenrichtung
n	$\frac{1}{s}$	Drehzahl
n		Zählvariable
n_c	$\frac{1}{s}$	Drehzahl der rotatorischen Achse $\underline{C_M'}$
$n_{c\ max}$	$\frac{1}{s}$	Maximale Drehzahl der rotatorischen Achse $\underline{C_M'}$
n_0	$\frac{1}{s}$	Leerlaufdrehzahl
P_1, P_2		Variable
p		Parameter
Q		Approximationspolynom
q		Steigungskennzahl
R	mm	Grundkreisradius des Kegels, Kreisradius, Länge des Radiusvektors, Zylinderradius
R	Ω	Widerstand
R		Restglied, Restfehler
R_1	Ω	Innenwiderstand des Leiternetzwerks
R_1, R_2	Ω	Widerstand

r	mm	Abstand, Zylinderkoordinate
r_0	mm	Funktionswert der Zylinderkoordinate r
S_0	mm	Gesamte Bogenlänge der Nut
s	mm	Bogenlänge
s		Stellenzahl
s_a	mm	Schleppabstand
s_0	mm	Wert der Bogenlänge
s_1	mm	Laufende Koordinate der Näherungskurve
T		Variable
T	s	Zeitkonstante
T_0	s	Bearbeitungsdauer
t	s	Zeit
U_a	V	Ausgangsspannung des Digital-Analog-Umsetzers
U_L	V	Spannung im Widerstands-Leiter-Netzwerk
U_R	V	Referenzspannung
U_1	V	Spannung
u, u_1, u_2		Gaußscher Flächenparameter
v	$\frac{mm}{s}$	Betrag der Bahngeschwindigkeit
v		Gaußscher Flächenparameter
v_{xM}, v_{yM}, v_{zM}	$\frac{mm}{s}$	Geschwindigkeitskomponente im M-System
v_z	$\frac{mm}{s}$	Geschwindigkeitskomponente
v_0	$\frac{mm}{s}$	Maximale Bahngeschwindigkeit
v_1, v_2, v_n		Gaußscher Flächenparameter
W		Koeffizient der 1. Gaußschen Fundamentalform
w_1, w_2, w_3	°	Winkel zur Festlegung des Werkzeugvektors
$\dot{w}_1, \dot{w}_2$	$\frac{1}{s}$	Winkelgeschwindigkeit

x		Koordinate eines Vektors, unabhängige Variable einer Funktion
x_B	mm	Koordiante des B-Systems
x_i		Istwert
$\overline{x}_i$		9-er Komplement des Istwerts
x_M	mm	Koordinate des M-Systems
x_{Mto}		Koordinate des Werkzeugvektors im M-System
x_{ME}		Koordinate der Raumkurve im M-System
x_m	mm	Koordinate des Kreismittelpunktes
x_S		Sollwert
x_u		Funktion nach u differenziert
x_v		Funktion nach v differenziert
x_w	mm	Koordinate des W-Systems
$\dot{x}_M$	$\frac{mm}{s}$	Geschwindigkeitskomponente im M-System
Y'_{01}	mm	Koordinatenwert
y		Abhängige Variable, Koordinate eines Vektors
y_B	mm	Koordinate des B-Systems
y_M	mm	Koordinate des M-Systems
y_{Mto}		Koordinate des Werkzeugvektors im M-System
y_{ME}		Koordinate der Raumkurve im M-System
y'_M	mm	Koordinate im M-System
y_m	mm	Koordinate des Kreismittelpunktes
$y_{p\,max}$		Maximaler Wert des Integranden
y_u		Funktion nach u differenziert
y_v		Funktion nach v differenziert
y_w	mm	Koordinate des W-Systems
$\dot{y}_M$	$\frac{mm}{s}$	Geschwindigkeitskomponente
Z'_{01}, Z'_{02}	mm	Koordinatenwert
z		Koordinate eines Vektors
z_B	mm	Koordinate des B-Systems
z_M	mm	Koordinate des M-Systems
z_{Mto}		Koordinate des Werkzeugvektors im M-System

z_{ME}		Koordinate der Raumkurve im M-System
z'_{M1}, z'_{M2}	mm	Koordinate im M-System
z_u		Funktion nach u differenziert
z_v		Funktion nach v differenziert
z_w	mm	Koordinate des W-Systems
$\dot{z}_M$	$\frac{mm}{s}$	Geschwindigkeitskomponente
z_0	mm	Funktionswert der Zylinderkoordinate z
$\sqrt{}_+$		positiver Wert der Wurzel (nach [10])

α	°	Spanwinkel
β	°	Steigungswinkel der Böschungslinie
γ	°	Winkel
Δ		Inkrement
ϑ	°	Loxodromwinkel
$\varkappa$		Krümmung
$\varkappa_0$		Krümmungswert
$\varkappa'_0$		Wert der 1.Ableitung der Krümmung
λ	°	Winkel $90-\beta$
μ		Zählvariable
ν		Zählvariable
ξ		Variable
σ	°	Kegelwinkel
τ		Bezogene Zeit, Windung
τ_0		Windungswert
φ	°	Zylinderkoordinate
φ_0	°	Wert der Zylinderkoordinate φ
ψ	°	Parameter der Rohrfläche
$\omega, \omega_1, \omega_2$	$\frac{1}{s}$	Winkelgeschwindigkeit

Vektoren

$\mathfrak{b}$	Binormalenvektor der Raumkurve
$\mathfrak{b}_0$	Wert des Binormalenvektors an der Stelle $s = s_0$
e_1, e_2, e_3	Einheitsvektor der Tangentenrichtung der Zylinderkoordinaten
$\mathfrak{h}$	Hauptnormalenvektor der Raumkurve
$\mathfrak{h}_0$	Wert des Hauptnormalenvektors an der Stelle $s = s_0$
i, i_M, i_W	Einheitsvektor
j, j_M, j_W	Einheitsvektor
$\mathfrak{k}, \mathfrak{k}_M, \mathfrak{k}_W$	Einheitsvektor
$\mathfrak{N}$	Normalenvektor der Fläche
$\mathfrak{n}$	Normaleneinheitsvektor der Fläche
$\underline{\mathfrak{r}}$	Radiusvektor
$\underline{\mathfrak{s}}$	Seitenvektor
$\mathfrak{t}$	Tangentenvektor der Raumkurve
$\mathfrak{t}_0$	Wert des Tangentenvektors an der Stelle $s = s_0$
$\mathfrak{v}$	Vektor der Bahngeschwindigkeit
$\mathfrak{w}$	Werkzeugvektor
$\mathfrak{w}_1$	Werkzeugvektor des zylindrischen Gesenkfräsers
$\mathfrak{w}_2$	Werkzeugvektor des Formfräsers
$\mathfrak{E}, \mathfrak{E}_1, \mathfrak{E}_2$	Ortsvektor der Raumkurve
$\mathfrak{E}_N$	Ortsvektor der Näherungskurve
$\mathfrak{E}_r$	Differentiation der Ortskurve nach r
$\mathfrak{E}_\varphi$	Differentiation der Ortskurve nach φ
$\mathfrak{E}_u$	Differentiation der Ortskurve nach u
$\mathfrak{E}_v$	Differentiation der Ortskurve nach v
$\mathfrak{E}_0, \mathfrak{E}_{10}, \mathfrak{E}_{20}$	Wert des Ortsvektors der Raumkurve
$\mathfrak{E}'$	1. Ableitung der Raumkurve nach s
$\mathfrak{E}''$	2. Ableitung der Raumkurve nach s
$\mathfrak{E}'''$	3. Ableitung der Raumkurve nach s
$\mathfrak{h}$	Ortsvektor des Normalschnittes der Rohrfläche
$\mathfrak{z}$	Ortsvektor der Rohrfläche

Formelzeichen für Schaltvariable

A	Variable
$\bar{A}$	Negierte Variable A
A_1, A_2, A_3, A_4	Variable
B	Variable
$\bar{B}$	Negierte Variable B
B_1, B_2, B_3, B_4	Variable
b 1	Variable der Betriebsart: ANC
b 2	Variable der Betriebsart: ENZS
b 3	Variable der Betriebsart: ENZO
b 4	Variable der Betriebsart: HND
b 5	Variable des Programmschrittes: AFNP
b 6	Variable des Programmschrittes: ANNP
b 7	Variable des Programmschrittes: ANVWP
b 8	Variable des Programmschrittes: DDA
b 9	Variable des Programmschrittes: ELR
b10	Variable des Programmschrittes: TLN
b12	Variable: Start dynamisch
b13	Variable: Start statisch
b14	Variable: Stop
b15	Variable: Löschen
b16	Variable: Konsole abgesenkt
b17	Variable: Konsole angehoben
b18	Variable: Nockensignal Z
b19	Variable: Nockensignal C
b20	Variable: Nullsignal Z
b21	Variable: Nullsignal C
b22	Variable: Regelabweichung beider Achsen kleiner als vorgegebene Toleranz
b23	Variable: Letzte Nut geschnitten
b24	Variable: Quittung des Vorzustandes
b25	Variable: Quittung der ODER-Verknüpfung aller Vorzustände
b26	Variable: Quittung Rechenvorgang abgeschlossen
b27	Variable: DDA Stop

C	Variable
$\overline{C}$	Negierte Variable C
c 1	Variable: Istwertzähler zurücksetzen Z
c 2	Variable: Istwertzähler zurücksetzen C
c 3	Variable: Konsole anheben
c 4	Variable: Additionsbefehl Umrechnen der Steigungswerte
c 5	Variable: Einzelimpulsauslösung
c 6	Variable: Rücksetzen der DDA-Register
c 7	Variable: Übernahme der Fräslänge ins Fräslängenregister
c 8	Variable: Rücksetzen der Toleranzwertspeicher der Regler
c 9	Variable: Rechenbefehl DDA
c10	Variable: DDA Start
c11	Variable: n-te Nut geschnitten
c12	Variable: Konsole absenken
D	Variable
$\overline{D}$	Negierte Variable D
E	Variable
$\overline{E}$	Negierte Variable E
I_3, I_4, I_6	Variable der Koinzidenzsperre
L	Logischer Zustand
O	Logischer Zustand
R	Variable der Koinzidenzsperre
R_{21}, R_{22}, R_{23}	Variable der Koinzidenzsperre
Ü	Variable: Übertrag bei der Addition von Binärstellen
$\overline{Ü}$	Negierte Variable Ü
$Ü_c$	Variable: Übertrag der rotatorischen Achse $\underline{C_M'}$
$Ü_z$	Variable: Übertrag der translatorischen Achse Z_{M1}'

$V, V_{11}, V_{12}, V_{13}, V_{14}$	Variable der Koinzidenzsperre
$V_{21}, V_{22}, V_{24}, V_{25}$	Variable der Koinzidenzsperre
x	Logischer Zustand
ρ	Übergangsbedingung zwischen zwei logischen Zuständen
Σ	Variable

1 Einleitung

Die Wirtschaftlichkeit einer numerisch gesteuerten Werkzeugmaschine ist eine Folge ihres hohen Automatisierungsgrades und ihrer Flexibilität. Diese Vorteile treten besonders deutlich im Bereich der Fertigung kleiner bis mittlerer Serien hervor. Die numerische Steuerung ermöglicht eine optimale zeitliche Ausnutzung der Werkzeugmaschine und gewährleistet dadurch, im Vergleich zur konventionell gesteuerten Maschine, eine erhöhte Produktivität. Verkürzte Bearbeitungszeiten und die schnelle Umstellung der Maschine auf ein anderes Werkstück verleihen der Fertigungseinrichtung die geforderte Flexibilität, um die Vielzahl von Werkstücken mit unterschiedlichen Bearbeitungsanforderungen in geringen Losgrößen wirtschaftlich fertigen zu können.

Der Einsatz der numerischen Steuerung beschränkte sich bisher vorwiegend bei den spanabhebenden Werkzeugmaschinen auf die Universalmaschinen der gebräuchlichen Zerspanungsarten. Maschinen für spezielle Fertigungsaufgaben, wie sie z.B. eine Werkzeugfräsmaschine darstellt, werden heute noch hauptsächlich mit einfacheren Programmsteuerungen ausgerüstet, die analoge Speicher zur Abspeicherung der Geometrie der zu fertigenden Werkstücke verwenden. Die ständig wachsende Forderung nach Automatisierung, der zunehmende Mangel an ausreichend ausgebildeten Fachleuten (Werkzeugmachern) und der hohe Stand der Entwicklung elektronischer Bauelemente waren ausschlaggebend, das numerische Steuerungsprinzip auch auf die Werkzeugherstellung und -Instandsetzung anzuwenden.

Aufgrund der Beschränkung auf spezielle Werkstücke, deren Geometrie nur durch wenige Parameter geändert werden kann, muß von einer hierauf zugeschnittenen Sondersteuerung verlangt werden, daß sie die Informationen zur Steuerung der Koordinatenachsen der Maschine aus den Angaben über die Art der zu erzeugenden Kontur selbst oder mindestens stückweise selbst generiert. Dies setzt voraus, daß alle wesentlichen Parameter der Werkstückgeometrie voreinstellbar sein müssen und das gespeicherte Programm ausreichende Flexibilität besitzt. Unter diesen Voraussetzungen ist der Vorteil einer solchen Sondersteuerung in einer Reduzierung der Arbeitsvorbereitungskosten zu sehen.

Die sich aus der dargelegten Situation ergebende Aufgabe besteht in der Entwicklung einer numerischen Sondersteuerung für eine Fräsmaschine zur Herstellung von Drallnuten auf Werkzeugen, wie Spiralbohrern, Fräsern und Reibahlen. Die Geometrie des Schneidenverlaufs dieser Werkzeuge ist gekennzeichnet durch eine Raumkurve auf einem rotationssymmetrischen, meist zylindrischen oder kegeligen Grundkörper.

Bei einer Erweiterung der Aufgabe auf beliebige Achsschnittprofile der Werkstücke, erhebt sich die Frage nach einer Definition des Schneidenverlaufs und der mathematischen Darstellung dieser Raumkurve, aus der unter Berücksichtigung der Technologie des Fertigungsvorganges und der Auswahl der Werkzeugmaschine die Steuergleichungen der Werkzeugmaschinenachsen gewonnen werden. Um die Steuerungsdaten zur Erzeugung der Raumkurve ohne Angaben von Zwischenstützpunkten in einer Steuerung generieren zu können, bedarf es geeigneter Steuerungsverfahren.

Es ist Ziel dieser Untersuchungen, alle Einflußgrößen auf die Auslegung einer numerischen Sondersteuerung zur Erzeugung von Raumkurven auf rotationssymmetrischen Körpern zu erfassen und zu diskutieren. Anhand dieser Untersuchungen können Aussagen gemacht werden, inwieweit die einschlägigen Steuerungsaufgaben durch eine festverdrahtete Sondersteuerung gelöst werden können und welche Möglichkeiten durch den Einsatz eines Prozeßrechners gegeben sind.

2 Die Anforderungen an die numerische Sondersteuerung

2.1 Die Aufgaben der numerischen Bahnsteuerung

In einer numerischen Steuerung werden Daten über die Geometrie eines Werkstückes und die Technologie des Bearbeitungsvorganges zu Informationen verarbeitet, die von den Stellgliedern einer Fertigungseinrichtung benötigt werden, um die Kontur des Werkstückes unter Einhaltung vorgegebener Toleranzen erzeugen zu können. Setzt sich die Geometrie des Werkstückes aus Raumkurven beliebiger Gestalt zusammen, so wird eine Bahnsteuerung eingesetzt, die im allgemeinsten Fall der Bearbeitung fünf Koordinatenachsen einer Fräsmaschine simultan mit Weginformationen versorgen muß. Gemäß der Trennung in Daten zur Geometrie des Werkstückes und Technologie seiner Bearbeitung, unterscheidet man zwischen Weg- und Schaltinformationen, zu deren Verarbeitung innerhalb der Steuerung ein verschieden großer technischer Aufwand getrieben werden muß, wenn man, wie allgemein angestrebt, den Informationsfluß in die numerische Steuerung klein halten möchte.

Für die Verarbeitung der geometrischen Daten wird dies durch die Verwendung von Interpolatoren in der Steuerung erreicht. Sie erzeugen aus wenigen, die Kurve ausreichend kennzeichnenden Stützpunkten die Zwischenpunkte, nach denen die Lageregelkreise geführt werden. Für die geometrisch einfachen Konstruktionen, wie Gerade und Kreis, werden spezielle auf die Geometrie der Kurve zugeschnittene Interpolatoren eingesetzt. Auf Kurven, die als Punktfolgen gegeben sind, wird neben der linearen häufig die parabolische Interpolation angewendet, da ein Verbinden der Stützpunkte durch Geradenstücke in den meisten Fällen keine ausreichende Genauigkeit ergibt oder eine zu hohe Anzahl von Stützpunkten bedingt [1].

Raumkurven, wie sie in den Beispielen dieser Arbeit auftreten, lassen sich durch elementare Funktionen beschreiben. Durch Berechnung einzelner Kurvenpunkte könnten die Stützpunkte gewonnen werden, wie man sie benötigen würde, um die Raumkurve in einer numerischen Steuerung mit parabolischem Interpolator generieren zu können. Das hier vorgestellte Prinzip der Darstellung einer Kurve in einer Steuerung besteht ähnlich wie bei der Zirkularinterpolation darin, aus wenigen Größen, die die Raumkurve ausreichend kennzeichnen, die Sollwertvorgaben aller betroffenen Maschinenachsen für den gesamten Interpolationsbereich zu bilden.

Die Anforderungen an die Sondersteuerung sind abgesehen von dem speziellen Kurventyp identisch denen an die numerische Bahnsteuerung [1]. Von den dort den Aufwand des Interpolators bestimmenden Einflußgrößen, wie hoher Genauigkeit bei großen Interpolationsabständen, keinen Unstetigkeitsstellen im Verlauf der Kurve sowie einer richtungsunabhängigen und konstanten Bahngeschwindigkeit, soll hier zunächst der Einfluß der Forderung nach einer konstanten Bahngeschwindigkeit für zirkulare und parabolische Interpolation genauer untersucht werden.

2.2 Der natürliche Parameter der Raumkurve

Die Zeitfunktionen, nach denen die Koordinatenachsen einer Werkzeugmaschine für eine in der xy- Ebene liegende Kurve geführt werden, lauten für die Parabelinterpolation

$$x = a_2 t^2 + a_1 t + a_0 \quad (2-1)$$
$$y = b_2 t^2 + b_1 t + b_0 \quad (2-2)$$

und für die Kreisinterpolation

$$x - x_m = R \cdot \cos(\frac{t}{R} + T) \quad (2-3)$$
$$y - y_m = R \cdot \sin(\frac{t}{R} + T) \quad (2-4)$$

Die den Zeitfunktionen zugrunde liegenden Parameterdarstellungen der Bahnkurven sind entsprechend der Interpolationsaufgabe nach verschiedenen Gesichtspunkten gewählt worden. Während in den Gleichungen 2-1 und 2-2 zur Darstellung einer Parabel lediglich ein zulässiger Parameter im Sinne der Differentialgeometrie verwendet wurde, ist in die Gleichungen 2-3 und 2-4 zur Darstellung des Kreises ein ausgezeichneter, nämlich der natürliche Parameter, die Bogenlänge, eingeführt worden.

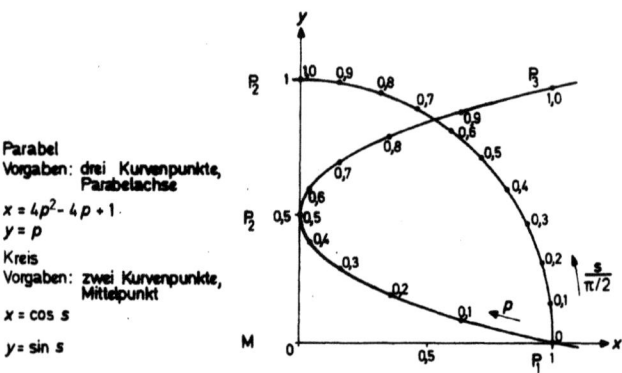

Bild 2/1: Parameterdarstellung von Kreis und Parabel

Um nachzuweisen, daß der zur Darstellung des Kreises herangezogene Parameter die Bogenlänge ist, kann die der Definition des Bogens zugrunde liegende Differentialgleichung 2-5 angewendet werden.

$$\left(\frac{dx}{ds}\right)^2 + \left(\frac{dy}{ds}\right)^2 = 1 \qquad (2-5)$$

Anhand der Beispiele lassen sich zwei Wege ableiten, die Zeitfunktionen für die Koordinatenachsen aus den Parameterdarstellungen der Raumkurve zu gewinnen:

Die Raumkurve $\mathbf{r}$ wird dargestellt unter Verwendung eines zulässigen Parameters p, d.h. die Koordinatenfunktionen der Vektordarstellung

$$\mathbf{r} = x(p)\mathbf{i} + y(p)\mathbf{j} + z(p)\mathbf{k} \qquad (2-6)$$

sind mindestens einmal differenzierbar und ihre Ableitungen nie gleichzeitig Null.

Die Raumkurve wird dargestellt durch die Bogenlänge s der Kurve.

$$\mathbf{r} = x(s)\mathbf{i} + y(s)\mathbf{j} + z(s)\mathbf{k} \qquad (2-7)$$

Beim Durchlaufen der Kurve werden in gleichen Parameterschritten gleiche Wege zurückgelegt und wenn $s \sim t$ gesetzt wird, wird eine konstante Bahngeschwindigkeit erreicht.

Aus den Zeitfunktionen werden in den Interpolatoren die Führungsgrößen der Lageregelkreise berechnet und als diskrete Lagesollwerte ausgegeben. Durch das Tiefpaßverhalten der nachgeschalteten Vorschubantriebe wird der unstetige Kurvenverlauf geglättet.

Die Lagesollwerte werden synchron zu dem vom Rechentakt ausgelösten Rechenvorgang ermittelt. Die Frequenz ist abhängig vom Abstand der Lagesollwerte und der Bahngeschwindigkeit. Abgesehen vom Anfahr- und Bremsvorgang muß beim Zerspanungsprozeß aus technologischen Gründen eine konstante Bahngeschwindigkeit als Vorschubgeschwindigkeit angestrebt werden. Es ist deshalb zweckmäßig, die Zeitfunktionen aus der Parameterdarstellung nach Gleichung 2-7 zu gewinnen.

Nicht jede Raumkurve läßt sich jedoch durch elementare Funktionen in Abhängigkeit vom Bogen ausdrücken. Um im Hinblick auf die Realisierung des Interpolators einfach aufgebaute Gleichungen zu erhalten, geht man dann zur Parameterdarstellung nach 2-6 über. Diese hat den Vorteil, daß sich die Zeitfunktionen mit geringerem Aufwand interpolieren lassen. Man muß jedoch bei großen Interpolationsabständen die Taktfrequenz stark ändern oder gar eine Regelung der Bahngeschwindigkeit einsetzen (Bild 2/2) [2].

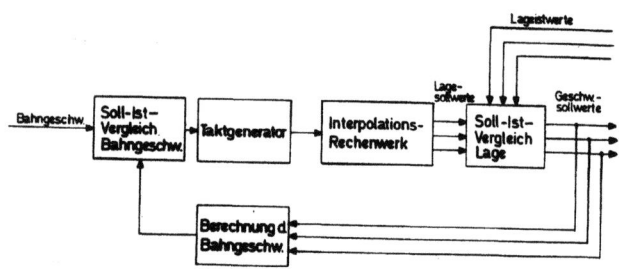

Bild 2/2:   Interpolation mit geregelter Bahngeschwindigkeit

2.3 Zusammenfassung

In diesem Kapitel wurde auf den Zusammenhang zwischen der Parameterdarstellung einer Raumkurve und der Bahngeschwindigkeit, mit der die Kurve durchlaufen wird, eingegangen. Es hat sich gezeigt, daß für numerische Sondersteuerungen die Wahl der Bogenlänge s als Parameter geeignet ist, da dann auf eine Regelung der Bahngeschwindigkeit verzichtet werden kann.

3 Ermittlung der Zeitfunktionen

Die in Kapitel 2 angedeuteten Gesichtspunkte zur Gewinnung der Zeitfunktionen aus der Geometrie der Raumkurve müssen ergänzt werden durch solche, die den Aufbau der Maschine und insbesondere die Anordnung der Maschinenachsen sowie die Technologie des Fertigungsvorganges berücksichtigen.

3.1 Darstellung der Raumkurve

Von den Möglichkeiten, Kurven im Raum zu beschreiben [3, S. 214- 218], wurde die Parameterdarstellung nach Gleichung 2-7 als geeignet ausgewählt.

3.2 Darstellung des Werkzeugvektors

Um ein Werkzeug auf der Raumkurve führen zu können, bedarf es einer Angabe zur Lage des Werkzeuges im Raum. Setzt man voraus, daß alle betrachteten Kurven auf Flächen liegen, dann kann zur Festlegung des Werkzeugvektors ein mit der Kurve mitlaufendes Bahnkurven-Koordinatensystem (B-System) benützt werden, das aus der Tangente t an die Raumkurve, der Normalen n im betrachteten Punkt auf der Trägerfläche und einem dritten Vektor s, dem Seitenvektor der Streifentheorie [17, S.7] besteht, der zu den beiden ersten orthogonal ist und mit ihnen ein Rechtssystem bildet (Bild 3/1).

Bei der Herstellung von Nuten, dem in dieser Arbeit betrachteten Fertigungsbeispiel, werden bevorzugt Formfräser mit dem Werkzeugvektor w_1 eingesetzt. Da hiermit jedoch nicht jeder beliebige Nutenverlauf erreicht werden kann, wird auch der Werkzeugvektor w_2 des zylindrischen Gesenkfräsers betrachtet. Im Bild 3/1 ist der Bezug zwischen der Lage des Werkzeugvektors und der Geometrie des Werkzeugs für beide Fälle angegeben. Für beide Fräser liegt der Werkzeugvektor w in der Werkzeug-

- 30 -

achse. Die Spitze des Gesenkfräsers fällt mit dem Angriffspunkt des Vektors zusammen, der ins Werkzeug zeigt. Der Werkzeugvektor des Formfräsers ist ebenfalls ins Werkzeug orientiert und greift an der zum Einrichten des Werkzeugs benötigten Bezugsplanseite an. Aus Gründen der Eindeutigkeit weist der Vektor in die positive z-Achse der Werkzeugmaschine, wenn die Maschinenachsen, die das Werkzeug in seine Arbeitslage bringen, sich in ihrer Ausgangsposition befinden. Der Werkzeugvektor ist ein Einheitsvektor [4].

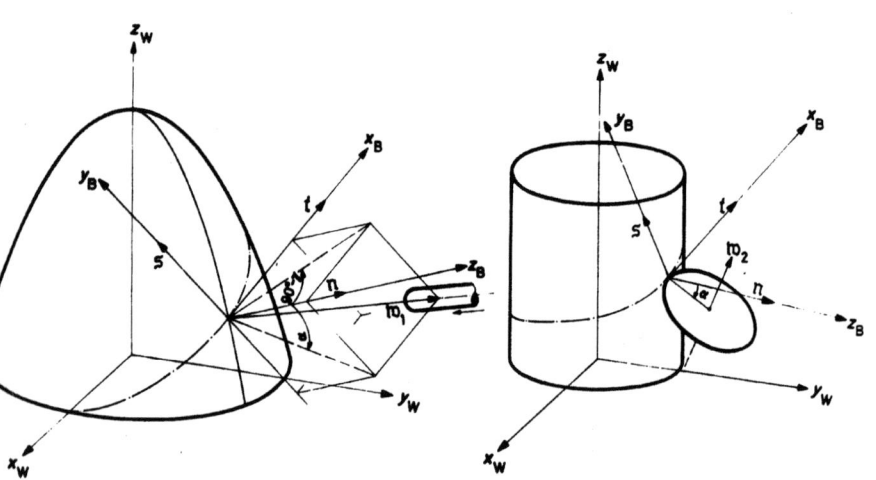

Bild 3/1: Lage der Werkzeugvektoren in den Werkstück- und Bahnkurven- Koordinatensystemen

- 31 -

Durch eine Neigung des Werkzeugvektors in der tn-Ebene um den Winkel $90° - \gamma$ verleiht man einem zylindrischen Gesenkfräser einen Sturz gegen die Normalenrichtung, und durch eine Neigung des Werkzeugvektors in der sn-Ebene um den Winkel α gegen den Normalenvektor kann der Winkel zwischen Werkstückoberfläche und Nut festgelegt werden, der beim Einsatz des Werkstücks als Werkzeug den Spanwinkel darstellt (vergleiche Bild 3/2). Der Formfräser arbeitet in Richtung der Tangente und seine Planseite kann gegen die tn-Ebene geneigt sein.

Bild 3/2 zeigt ein Werkzeug mit Drallnuten, die mit der in Kapitel 8 beschriebenen Steuerung gefräst wurden.

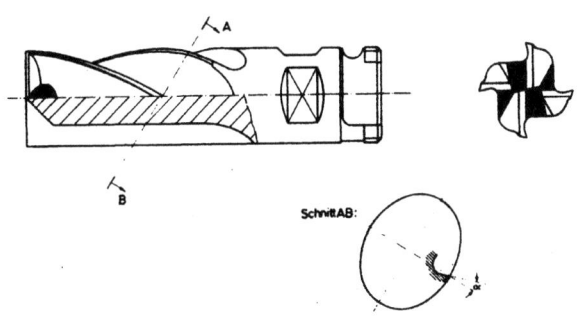

Bild 3/2: Langlochfräser

Die Berechnung einzelner Bestimmungsstücke der Werkzeugvektoren erfolgt nach Bild 3/3.

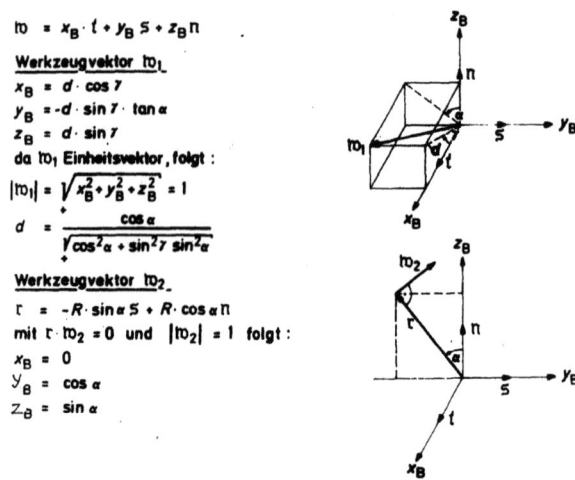

$\mathfrak{w} = x_B \cdot t + y_B \, s + z_B \, n$

Werkzeugvektor $\mathfrak{w}_1$

$x_B = d \cdot \cos \gamma$
$y_B = -d \cdot \sin \gamma \cdot \tan \alpha$
$z_B = d \cdot \sin \gamma$

da $\mathfrak{w}_1$ Einheitsvektor, folgt:

$|\mathfrak{w}_1| = \sqrt{x_B^2 + y_B^2 + z_B^2} = 1$

$d = \dfrac{\cos \alpha}{\sqrt{\cos^2 \alpha + \sin^2 \gamma \, \sin^2 \alpha}}$

Werkzeugvektor $\mathfrak{w}_2$

$\mathfrak{r} = -R \cdot \sin \alpha \, s + R \cdot \cos \alpha \, n$

mit $\mathfrak{r} \cdot \mathfrak{w}_2 = 0$ und $|\mathfrak{w}_2| = 1$ folgt:

$x_B = 0$
$y_B = \cos \alpha$
$z_B = \sin \alpha$

Bild 3/3: Bestimmungsstücke der Werkzeugvektoren im Bahnkurven- Koordinatensystem

Die nach Bild 3/1 und 3/3 festgelegten Werkzeugvektoren $\mathfrak{w}_1$ und $\mathfrak{w}_2$ können im mitlaufenden B-System durch die Einheitsvektoren t, s und n dargestellt werden. Die Einheitsvektoren selbst sind abhängig von der Geometrie der Raumkurve und der Oberfläche des Grundkörpers.

$$\mathfrak{w}_1 = \dfrac{\cos \gamma \, \cos \alpha}{\sqrt{\cos^2 \alpha + \sin^2 \gamma \, \sin^2 \alpha}} \, t - \dfrac{\sin \gamma \, \sin \alpha}{\sqrt{\cos^2 \alpha + \sin^2 \gamma \, \sin^2 \alpha}} \, s$$
$$+ \dfrac{\sin \gamma \, \cos \alpha}{\sqrt{\cos^2 \alpha + \sin^2 \gamma \, \sin^2 \alpha}} \, n \qquad (3\text{-}1)$$

$$\mathfrak{w}_2 = \cos \alpha \, s + \sin \alpha \, n \qquad (3\text{-}2)$$

Bei einer beliebigen Lage des Maschinen - Koordinatensystems (M-Stystem) zum Werkstück - Koordinatensystem (W-System) werden der Ortsvektor der Raumkurve und der Werkzeugvektor durch Koordinatentransformationen der Gleichungen des W-Systems ermittelt.

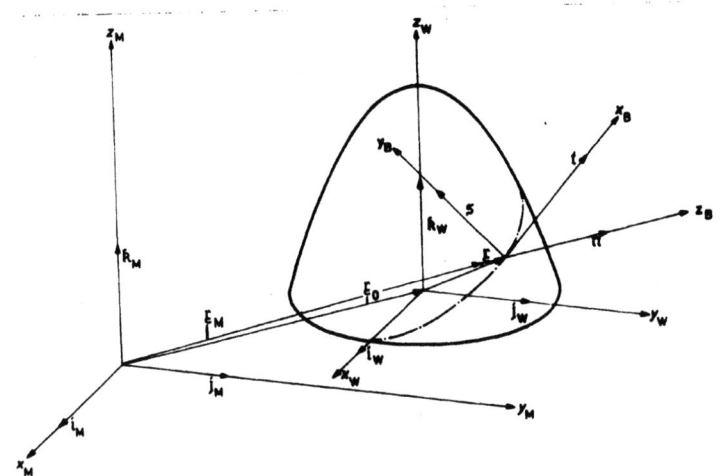

Bild 3/4: Koordinatensysteme

$$\underline{E}_M = x_{M_E}(s)\,\underline{i}_M + y_{M_E}(s)\,\underline{j}_M + z_{M_E}(s)\,\underline{k}_M \qquad (3-3)$$

$$\underline{w} = x_{M_W}(s)\,\underline{i}_M + y_{M_W}(s)\,\underline{j}_M + z_{M_W}(s)\,\underline{k}_M \qquad (3-4)$$

Um den Werkzeugvektor aus einer Grundposition in die gewünschte Richtung zu bringen, bedarf es mindestens zweier Drehbewegungen, die durch zwei Schwenkachsen der Maschine realisiert werden können. Diese werden gewöhnlich so ausgeführt, daß sie um je eine der drei Hauptachsen drehen.

Nach Festlegung der Maschine können die Schwenkwinkel der
rotatorischen Achsen unmittelbar aus den Kugelkoordinaten
des Werkzeugvektors oder Winkeln, die diesen entsprechen, bestimmt werden.

$$w_2 = w_2(s) \quad ; \quad w_3 = w_3(s) \qquad (3-5)$$

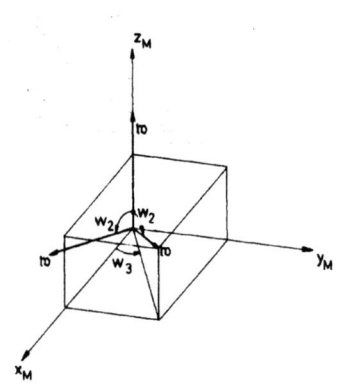

Bild 3/5: Arbeitslage des Werkzeugvektors in Bezug
zu seiner Ausgangslage

Nach Bild 3/5 kann der Vektor $\mathfrak{w}$ durch Drehungen um die
y_M-Achse um den Winkel w_2 und um die z_M-Achse um den Winkel
w_3 von der Ausgangslage in seine Arbeitslage gebracht werden.

3.3 Die Zeitfunktionen

Durch Differentiation der Gleichungen 3-3 und 3-5 nach der Zeit gewinnt man die Positionen der linearen und rotatorischen Achsen als Funktionen der Zeit. Die Ableitung des Ortsvektors $\mathfrak{r}$ führt auf die Bahngeschwindigkeit $\mathfrak{b}$. Sie hat die Richtung der Tangente der Bahnkurve.

$$\mathfrak{b} = \frac{d\mathfrak{r}}{dt} = \frac{d\mathfrak{r}}{ds} \cdot \frac{ds}{dt} = v \cdot \mathfrak{t} \qquad (3-6)$$

$$\dot{x}_M = v_{XM} = \frac{dx_M}{ds} \cdot \frac{ds}{dt} = \frac{dx_M}{ds} \cdot v$$

$$\dot{y}_M = v_{YM} = \frac{dy_M}{ds} \cdot \frac{ds}{dt} = \frac{dy_M}{ds} \cdot v$$

$$\dot{z}_M = v_{ZM} = \frac{dz_M}{ds} \cdot \frac{ds}{dt} = \frac{dz_M}{ds} \cdot v$$

$$\dot{w}_1 = \omega_1 = \frac{dw_1}{ds} \cdot \frac{ds}{dt} = \frac{dw_1}{ds} \cdot v$$

$$\dot{w}_2 = \omega_2 = \frac{dw_2}{ds} \cdot \frac{ds}{dt} = \frac{dw_2}{ds} \cdot v \qquad (3-7)$$

3.4 Zusammenfassung

Bei der Aufstellung der Zeitfunktionen wird von der Geometrie der Raumkurven ausgegangen. Durch die Technologie des Arbeitsvorganges werden die Koordinatengleichungen des Werkzeugvektors festgelegt. Die im W-System beschriebenen Koordinatengleichungen der Raumkurve und des Werkzeugvektors müssen ins M-System transformiert werden. Die Darstellung der Raumkurve und des Werkzeugvektors in Abhängigkeit von der Bogenlänge s gestattet mit $\frac{ds}{dt} = v$ einen einfachen Übergang zur Zeitfunktion. Das in diesem Kapitel eingeführte B-System eignet sich dazu, Werkzeugvektoren von Raumkurven auf Flächen zu beschreiben.

4 Raumkurven auf Drehflächen

4.1 Geometrie von Drallnuten auf Werkzeugen

Wie in den vorhergehenden Kapiteln angedeutet, werden alle folgenden Untersuchungen an Nuten auf rotationssymmetrischen Körpern, wie sie als Drallnuten auf Werkzeugen auftreten, durchgeführt. Die zur Auslegung der Steuerung benötigten Angaben sind von der Geometrie des Schneidenverlaufs des zu fertigenden Werkstückes, von der zur Fertigung eingesetzten Maschine und der Technologie des Fertigungsvorganges abhängig.

Zu den Aufgaben der herzustellenden Werkzeuge gehört es, im Einsatz möglichst günstige Bedingungen im Hinblick auf den Zerspanungsvorgang, die Qualität der erzeugten Oberfläche, die Standzeit, den Leistungsbedarf und ähnliche technologische Anforderungen zu erzielen. Bei einem Werkzeug mit zylindrischem Grundkörper führen diese Forderungen in der Regel zu einem drallgenuteten Verlauf der Schneiden. Dieser garantiert z.B. beim Walzenfräser eine gleichförmige Schnittkraft ohne größere unstetige Schwankungen. Dabei hat der Drallwinkel, die Schneidenneigung gegen die Achse des Werkzeugs, einen direkten Einfluß auf die Oberflächenqualität und den Leistungsbedarf [5, 6, 7, 8].

Da ähnliche Aussagen über den Nutenverlauf bei beliebigen Achsschnittprofilen in der Literatur nicht gemacht werden, und in der Praxis die Festlegung des Nutenverlaufs von Sonderwerkzeugen durch die vorhandenen Fertigungseinrichtungen erfolgt, werden im folgenden die möglichen Definitionen, die sich aus den Verhältnissen bei einem zylindrischen Werkzeug ergeben, näher untersucht.

4.2 Definition des Schneidenverlaufs

Nach DIN 6581 ist die Schneide eines Werkzeuges definiert als die Schnittlinie der den Schneidkeil begrenzenden Flächen. Wählt man die Schneide als Bezugskante der Drallnut, so stellt diese eine Kurve auf einer Drehfläche dar, deren Geometrie für das beliebige Achsschnittprofil durch verschiedene Parameter gekennzeichnet werden kann.

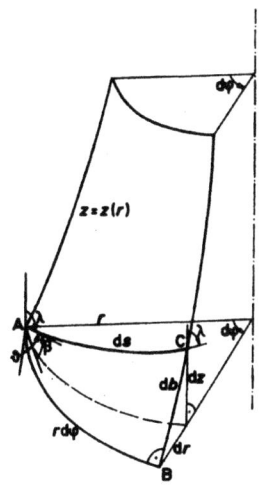

Bild 4/1: Bogenelement einer Raumkurve auf einer Drehfläche

Das Achsschnittprofil des Körpers sei gegeben durch die Gleichung eines Meridianschnittes:

$$r = r(z) \qquad (4-1)$$

Die rotationssymmetrische Gestalt des Körpers legt die
Behandlung der Raumkurven in Zylinderkoordinaten nahe:

$$r = r(s), \quad \varphi = \varphi(s), \quad z = z(s) \tag{4-2}$$

Die zur Beschreibung des Schneidenverlaufs geeigneten
Parameter sind:

1. Der Winkel λ zwischen Kurventangente und der Parallelen zur Drehachse durch den betrachteten Kurvenpunkt A ist gegeben als Funktion des Bogens $\lambda = \lambda(s)$.

2. Der Winkel ϑ zwischen Kurventangente und Breitenkreis in jedem Kurvenpunkt ist gegeben als Funktion des Bogens $\vartheta = \vartheta(s)$.

3. Der Höhenzuwachs der Kurve bezogen auf die Änderung des Winkels φ ist gegeben als Funktion des Bogens $\frac{dz}{d\varphi} = f(s)$

4. Die Änderung der Bogenlänge b des Meridians bezogen auf die Änderung des Winkels φ ist gegeben als Funktion des Bogens $\frac{db}{d\varphi} = g(s)$.

Jede dieser Definitionen führt bei Konstanthaltung der
charakteristischen Größen am Zylinder $r = R$ auf die gleiche
Raumkurve, die gemeine Schraublinie, die beschrieben wird
durch $r = R$, $\varphi = \frac{\sin\lambda}{R} \cdot s$, $z = \cos\lambda \cdot s$ (vgl. 5.2.4).

Die Funktionen $\lambda(s)$, $\vartheta(s)$, $f(s)$ und $g(s)$ eignen sich zur Kennzeichnung des Schneidenverlaufs, denn sie folgen bei gegebenem Meridian $r(s)$, $z(s)$ und gegebener Flächenkurve nach Gleichung 4-2 aus der Gleichung

$$\cos\lambda(s) = \frac{dz}{ds} \tag{4-3}$$

$$\cos\vartheta(s) = r(s)\frac{d\varphi}{ds} \tag{4-4}$$

$$f(s) = \frac{dz}{ds}\left(\frac{d\varphi}{ds}\right)^{-1} \tag{4-5}$$

$$g(s) = \frac{dr}{ds}\left(\frac{d\varphi}{ds}\right)^{-1}\sqrt{1+\left(\frac{dz}{ds}\right)^2\left(\frac{dr}{ds}\right)^{-2}} \tag{4-6}$$

4.3 Böschungslinien auf Drehflächen

Der Schneidenverlauf des kegeligen Gesenkfräsers kann durch die Definition 1 gekennzeichnet werden. Bei der Herstellung der Nut mit einem Formfräser nimmt das Werkzeug, bei Einhaltung eines konstanten Steigungswinkels der Kurventangente gegen die Kegelachse, eine feste Lage gegenüber dem Werkstück ein.

Zur Herleitung der Gleichungen der Raumkurve, die im Falle konstanten Steigungswinkels λ auch Böschungslinie genannt wird, kann von einem elementaren Ausschnitt der Kurve nach Bild 4/1 ausgegangen werden [9].

Aus den Gleichungen 4-1, 4-3 und 4-6 in Verbindung mit Definition 4 folgen:

$$dz = \cos\lambda \cdot ds$$
$$dr = \frac{dr(z)}{dz} \cdot dz = \frac{dr(z)}{dz} \cdot \cos\lambda \cdot ds$$
$$d\varphi = \pm \frac{\cos\lambda}{r} \sqrt{\tan^2\lambda - \left(\frac{dr(z)}{dz}\right)^2} \cdot ds \qquad (4-7)$$

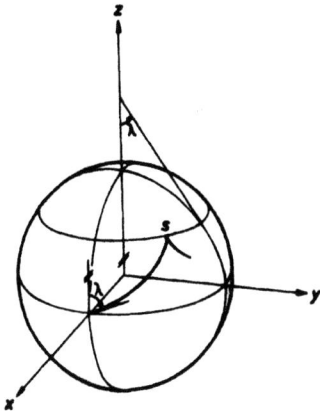

Bild 4/2: Grenze des Definitionsbereichs der Böschungslinie

Zwei Eigenschaften der Böschungslinie schränken ihre Brauchbarkeit zur Definition des Schneidenverlaufs ein. Die Böschungslinie setzt nach Bild 4/2 im Punkt S mit einer Spitze senkrecht zum Breitenkreis auf, wenn die Kurve den koaxialen Berührkegel der Drehfläche mit dem Öffnungswinkel 2 λ erreicht. Dies drückt sich formal dadurch aus, daß der Radikant der Wurzel in Gleichung 4-7 negativ wird, wobei gilt:
$\left|\frac{dr}{dz}\right| > |\tan \lambda|$. Auf Körpern, die wie der Kegel aufgrund ihrer Geometrie einen Kurvenverlauf bis zur Spitze ermöglichen, wird der Nutenabstand mit zunehmender Höhe für eine technische Ausführung zu gering.

4.4 Loxodromen auf Drehflächen

Wählt man die Definition 2 nach Kapitel 4.2 zur Festlegung des Schneidenverlaufs eines Werkzeugs, dann wird der Nachteil der Böschungslinie, die nicht auf allen Körpern die Spitze erreicht, vermieden. Nach dieser Definition schneidet der Nutenverlauf die Breitenkreise der Drehflächen immer unter demselben Winkel ϑ. Wird der Schneidenverlauf nach dieser Definition festgelegt, dann ergeben sich Schnittbedingungen, die der Werkzeugschneide überall die gleiche Spanbildung ermöglichen. Kurven auf Drehflächen, die dieser Bedingung unterliegen, werden Loxodromen genannt [10, S. 162](Bild 4/3).

Abweichend vom Gang der Ermittlungen der Koordinatengleichungen der Böschungslinien, wird die Herleitung der Geometrie der Loxodrome mit einigen Grundformen der Flächentheorie durchgeführt [10].

Bei Verwendung der Gaußschen Parameter zur analytischen Beschreibung einer zweidimensionalen Fläche wird ihr Ortsvektor dargestellt durch

$$\xi = \xi(u,v) = x(u,v)\vec{i} + y(u,v)\vec{j} + z(u,v)\vec{k} , \qquad (4-8)$$

wobei die Parameter u, v krummlinige Koordinaten auf der
Fläche sind und die Parameterlinien u = const., v = const.
die Fläche mit einem Koordinatennetz überdecken.

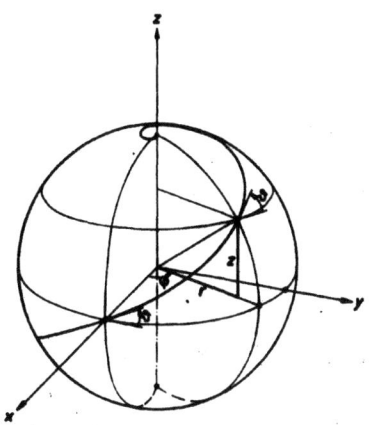

Bild 4/3:   Kugelloxodrome

Eine Flächenkurve ist durch die Parameterbeziehungen

$$u = u(p) \quad \text{und} \quad v = v(p) \qquad (4-9)$$

gekennzeichnet. Ihr Tangentenvektor kann durch die Tangentenvektoren der Parameterlinien

$$\underline{\varepsilon}_u = \frac{dx}{du}\underline{i} + \frac{dy}{du}\underline{j} + \frac{dz}{du}\underline{k} \qquad (4-10)$$

$$\underline{\varepsilon}_v = \frac{dx}{dv}\underline{i} + \frac{dy}{dv}\underline{j} + \frac{dz}{dv}\underline{k} \qquad (4-11)$$

dargestellt werden als

$$\frac{d\underline{c}}{dp} = \underline{\varepsilon}_u \frac{du}{dp} + \underline{\varepsilon}_v \frac{dv}{dp} \qquad (4-12)$$

und in Differentialform bei $dp \neq 0$

$$d\underline{\xi} = \underline{\xi}_u du + \underline{\xi}_v dv \quad . \tag{4-13}$$

Die aus der Definition der Bogenlänge gewonnene Gleichung für das Quadrat des Bogenelementes ist identisch mit dem Längenquadrat des Tangentendifferentials.

$$ds^2 = d\underline{\xi}^2 = (\underline{\xi}_u du + \underline{\xi}_v dv)^2 = E\, du^2 + 2F\, du\, dv + G\, dv^2 \tag{4-14}$$

Zwei Tangentenrichtungen $d\underline{\xi}_1$ und $d\underline{\xi}_2$, die durch die beiden Verhältnisse $du_1 : dv_1$ und $du_2 : dv_2$ festgelegt sind, schließen miteinander einen Winkel ϑ ein, wobei gilt:

$$\cos\vartheta = \frac{d\underline{\xi}_1 \cdot d\underline{\xi}_2}{|d\underline{\xi}_1||d\underline{\xi}_2|} = \frac{E\, du_1 du_2 + F(du_1 dv_2 + du_2 dv_1) + G\, dv_1 dv_2}{\sqrt{E\, du_1^2 + 2F\, du_1 dv_1 + G\, dv_1^2}\,\sqrt{E\, du_2^2 + 2F\, du_2 dv_2 + G\, dv_2^2}} \tag{4-15}$$

Nach Festlegung der Flächenparameter, die für Drehflächen zweckmäßigerweise zu

$$\begin{aligned} u &= \varphi \\ v &= r \end{aligned} \tag{4-16}$$

gewählt werden, ergibt sich für die Fundamentalgrößen 1.Art der Flächentheorie E, F, G mit

$$x = r \cdot \cos\varphi \, , \quad y = r \cdot \sin\varphi \, , \quad z = z(r) \tag{4-17}$$

$$\begin{aligned} E &= \underline{\xi}_u^2(u,v) = x_u^2 + y_u^2 + z_u^2 \\ F &= \underline{\xi}_u(u,v)\cdot\underline{\xi}_v(u,v) = x_u x_v + y_u y_v + z_u z_v \\ G &= \underline{\xi}_v^2(u,v) = x_v^2 + y_v^2 + z_v^2 \end{aligned} \tag{4-18}$$

$$\begin{aligned} E &= \underline{\xi}_\varphi^2 = r^2 \\ F &= \underline{\xi}_\varphi \underline{\xi}_r = 0 \\ G &= \underline{\xi}_r^2 = 1 + \left(\frac{dz(r)}{dr}\right)^2 \, . \end{aligned} \tag{4-19}$$

Aus den Gleichungen 4-14 und 4-19 folgt für das Bogenelement (s. auch Gleichung 4-6):

$$ds = \sqrt{E\,d\varphi^2 + G\,dr^2} = \sqrt{r^2 d\varphi^2 + \left[1 + \left(\frac{dz(r)}{dr}\right)^2\right] dr^2} \quad (4-20)$$

Definitionsgemäß ist der Winkel ϑ zwischen Loxodrom und Breitenkreis konstant. Aus den Gleichungen 4-15 und 4-19 folgt für den Kosinus dieses Winkels, wenn $du_1 : dv_1 = du : dv$ die Tangentenrichtung der Loxodrome und $dv_2 : du_2 = 0:1$ die Tangentenrichtung des Breitenkreises ist:

$$\cos\vartheta = \frac{E\,d\varphi}{\sqrt{E\,d\varphi^2 + G\,dr^2}\,\sqrt{E}} = \frac{r}{\sqrt{r^2 + \left[1 + \left(\frac{dz(r)}{dr}\right)^2\right]\left(\frac{dr}{d\varphi}\right)^2}} \quad (4-21).$$

Aus den Gleichungen 4-20 und 4-21 sowie der als bekannt angenommenen Beziehung für das Achsschnittprofil des Körpers können die Koordinaten der Raumkurve ermittelt werden.

$$ds = \frac{1}{\sin\vartheta}\sqrt{1 + \left(\frac{dz(r)}{dr}\right)^2} \quad (4-22)$$

$$d\varphi = \frac{\cos\vartheta}{r(s)}\,ds \quad (4-23)$$

Nach Integration der Gleichung 4-22 wird die Umkehrfunktion $r = r(s)$ gebildet. Damit ist auch die z-Koordinate bestimmt.

$$z = z(r(s)) = z(s) \quad (4-24)$$

4.5 Weitere Möglichkeiten zur Definition des Nutenverlaufs

Die Definitionen 3 und 4 in Kapitel 4.2 haben gegenüber den Böschungslinien und Loxodromen den Vorteil, daß Aussagen über die Ganghöhe und damit über den Nutenabstand gemacht werden. Geometrisch einfache Bedingungen jedoch, wie z.B. $\frac{dz}{d\varphi} = const.$ oder $\frac{db}{d\varphi} = const.$, führen bereits bei Grundkörpern wie dem Kegel auf Koordinatengleichungen, die, wenn sie in Abhängigkeit vom Bogen dargestellt sind, auf kompliziert aufgebaute Funktionen führen.

Zur Herleitung von Flächenkurven dieser Definitionen wird, wie bei den behandelten Beispielen, von der Gleichungsform 4-20 für das Linienelement der Drehfläche, der Meridiangleichung und der Beziehung, die sich direkt aus den Definitionen ergeben, ausgegangen.

4.6 Zusammenfassung

Für das in dieser Arbeit behandelte Fertigungsbeispiel, die Herstellung von Drallnuten auf Werkzeugen, sind Vorschläge zur Definition des Nutenverlaufs für beliebige Achsschnittprofile in Analogie zu den Verhältnissen bei einem zylindrischen Werkzeug gemacht worden. Die bei zylindrischen und kegeligen Gesenkfräsern übliche Definition des Schneidenverlaufs als Böschungslinie kann auf beliebige Achsschnittprofile nicht angewendet werden, da die Böschungslinie mit einer Spitze senkrecht zum Breitenkreis aufsetzt, sobald die Kurve den koaxialen Berührkegel mit dem Öffnungswinkel 2λ erreicht. Die Definition des Schneidenverlaufs als Loxodrome hat zur Folge, daß sich die Steigung der Drallnut im allgemeinen ständig ändert, womit jedoch eine gleichmäßige Spanbildung über den gesamten Schneidenverlauf erreicht wird. Die Geometrie der Drallnuten zylindrischer und kegeliger Werkzeuge wird als Beispiel für die Betrachtungen zur Auslegung von Sondersteuerungen in den Kapiteln 6, 7 und 8 verwendet.

5 Fertigungseinrichtungen zur Herstellung von Drallnuten

Drallnuten auf Werkzeugen werden im allgemeinen durch Formfräser hergestellt, die aufgrund ihrer speziellen Geometrie die Nutfläche in einem Schnitt erzeugen. Das Profil des scheibenförmigen Formfräsers wird nur dann direkt auf das Werkstück übertragen, wenn kein Hinterschnitt auftritt. Dies ist jedoch nur möglich, wenn die Werkzeugachse immer den gleichen Winkel mit der Werkstückachse bildet. Nach den Definitionen von Kapitel 4 gilt dies nur für die Böschungslinien. Nuten, denen eine andere Definition zugrunde liegt, können zwar nach demselben Verfahren hergestellt werden, erhalten dann jedoch ein Profil, das sich über den gesamten Verlauf ändert.

5.1 Die Auswahl der Maschine

Die Aufgabe, Drallnuten der betrachteten Definition zu fräsen, erfordert den Einsatz einer 5-Achsen-Fräsmaschine. Drei, z.B. translatorische Achsen werden benötigt, um einen beliebigen Raumpunkt im M-System anfahren zu können, und zwei Drehachsen ermöglichen dem Werkzeugvektor jede Lage zu diesem Raumpunkt einzunehmen (Bild 5/1). Durch die Rotationssymmetrie des Werkzeugkörpers bietet es sich an, eine der drei translatorischen Achsen durch eine rotatorische zu ersetzen. Durch diese Maßnahme wird auch die Steuerung günstig beeinflußt, wenn die Achse des Rotationskörpers mit der Maschinenachse identisch ist, da sich dann eine Kreisbewegung durch die Steuerung eines Winkels ergibt.

Aus der großen Anzahl der Maschinen, die drei Rotationsachsen und zwei Translationsachsen haben, ist unter Berücksichtigung der konstruktiven Auslegung der Maschine, der Technologie des Fertigungsvorganges und des Aufbaus der Steuerung eine optimale Bauform auszuwählen. Im Hinblick auf die Steuerungsauslegung und insbesondere auf einfache Interpolationsvorschriften ist

eine Anordnung der Maschinenachsen anzustreben, die den
Charakter der Koordinatenfunktionen im W-System durch die
Transformation in das M-System nicht verändert.

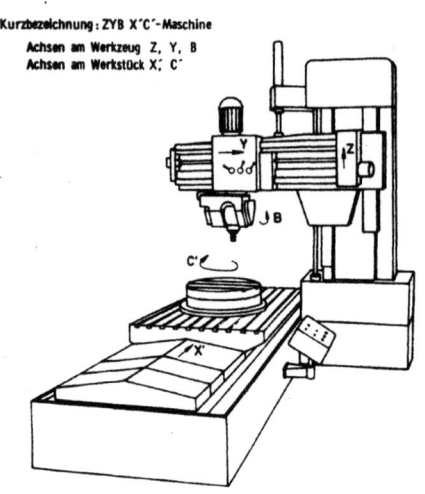

Bild 5/1: Beispiel einer 5-Achsen-Maschine mit
Kurzbezeichnung [11]

Unter diesen Gesichtspunkten ist es sinnvoll zu fordern, daß
die rotatorische Achse, die die translatorische ersetzt, direkt
am Werkstück liegt, was bei ausgeführten Maschinen berücksichtigt ist. Sind die beiden anderen translatorischen Achsen
direkt zur rotatorischen oder zum Werkstück angeordnet und
liegt keine weitere rotatorische Achse dazwischen, dann werden
die Transformationsgleichungen der translatorischen Achsen
von den übrigen die Lage des Werkzeuges bestimmenden rotatorischen Achsen nicht oder leicht faßbar beeinflußt.

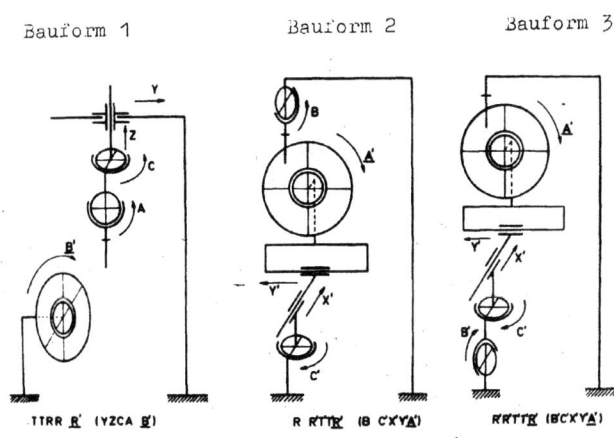

Bild 5/2: Bauformen von 5-Achsen-Maschinen zur Fertigung von Drallnuten

In Anlehnung an die in der Literatur entwickelten Bauformen und unter Verwendung der dort verabredeten Definitionen zur Kennzeichnung von 5-Achsen-Maschinen können unter Berücksichtigung obiger Einschränkungen die drei Bauformen nach Bild 5/2 die Fertigungsaufgabe lösen [11,12]. Die erste Bauform repräsentiert einen Maschinentyp, bei dem das Werkzeug durch zwei Rotationsachsen bewegt wird. Sie werden von zwei translatorischen Achsen getragen. Die Transformationsgleichungssysteme bleiben im Prinzip unverändert, wenn die translatorischen Achsen von der Werkzeugseite auf die Werkstückseite verschoben werden und dabei jedoch direkt am Fundament der Maschine angeordnet bleiben. Äquivalente Bauformen zu TTRR $\underline{R}$' sind TRR T'$\underline{R}$' und RR T'T'$\underline{R}$'.

Für Bauform 2 ist die Lage der den Werkzeugvektor bestimmenden rotatorischen Achsen kennzeichnend. Je eine rotatorische Achse bewegt das Werkzeug und das Werkstück. Bei der Bauform 3 sind alle Maschinenachsen auf der Werkstückseite angeordnet.

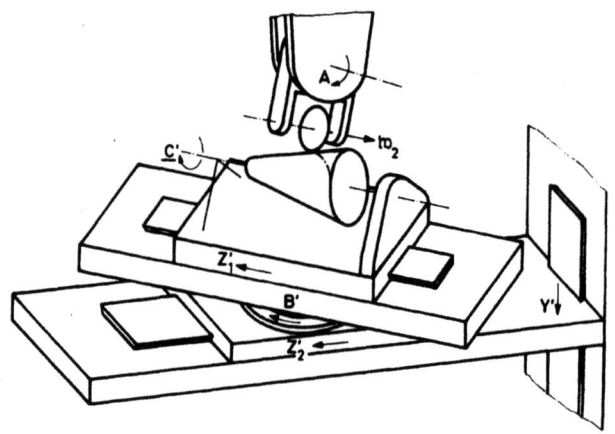

Bild 5/3: Anordnung der Maschinenachsen einer Nutenfräsmaschine

Die in Bild 5/3 dargestellte Maschine wird in der Praxis bei der Herstellung von Drallnuten eingesetzt. Die Maschine hat gegenüber der theoretischen Minimalausrüstung eine weitere lineare Achse Z_2', die es ermöglicht, den Bearbeitungspunkt in z-Richtung festzulegen und ihn insbesondere in die Drehachse von B' zu verschieben. Durch diese Wahl des Bearbeitungspunktes lassen sich jedoch nicht die durch den Fräsvorgang am Werkstück zu erzeugenden Winkel getrennt den rotatorischen Achsen A und B' zuordnen.

Vertauscht man bei der Bauform 2 in Bild 5/2 eine translatorische Achse mit einer rotatorischen Achse, so entsteht eine neue Bauform, der die Maschine nach Bild 5/3 angehört und die durch A Y'B'Z'C' gekennzeichnet werden kann. Die Transformationsgleichungen werden dadurch nicht verändert, da die B'-Achse um die Y'-Achse dreht.

Da der größte Teil aller in der Praxis herzustellenden Drallnuten auf zylindrische Werkstücke gefräst wird, haben die Fräsmaschinen im Gegensatz zu der vorgeschlagenen Ausführung keine rotatorische A-Achse. Zur Erzeugung des Spanwinkels muß der Bearbeitungspunkt aus der Drehachse von B' verlagert werden. Dieses Vorgehen ist auf beliebige Achsschnittprofile nicht übertragbar, da es zu einem Schneidenverlauf führt, der vom theoretischen Kurvenverlauf abweicht.

Nach der Darstellung von Bild 5/4 ist der Nutenverlauf bei diesem Fertigungsvorgang dadurch gekennzeichnet, daß der Abstand zur Originalnut in der xy-Ebene konstant den Wert Δr und in y-Richtung konstant den Wert Δy hat.

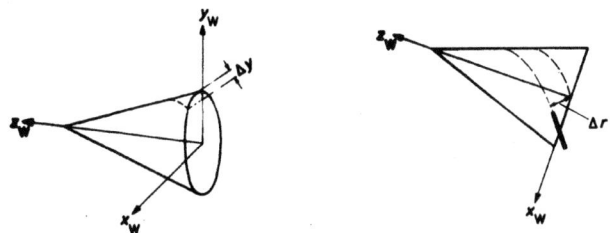

Bild 5/4: Erzeugung des Spanwinkels bei kegeligen Werkstücken nach dem Verfahren für zylindrische Werkstücke

5.2 Die Zeitfunktionen der Nutenfräsmaschine

Die folgenden Ausführungen beziehen sich auf eine Nutenfräsmaschine mit einer Achsanordnung wie sie aus Bild 5/3 hervorgeht. Für die in der Praxis fast ausschließlich anzutreffenden Körper, Zylinder und Kegel, werden die Zeitfunktionen der Maschinenachsen entwickelt, wobei die Drallnut, wie bei kegeligen Gesenkfräsern angestrebt, als Böschungslinie definiert wird. Voraussetzung für die Bildung der Zeitfunktionen ist die Darstellung der Koordinaten von Werkstück- und Werkzeugvektor im M-System.

Die spezielle Wahl der Anordnung der Maschinenachsen und die
Festlegung des Bearbeitungspunktes beschränkt die Zahl der
während der Bearbeitung zu steuernden Achsen bei den gewählten
Beispielen auf die drei bzw. zwei Achsen: C', X', Z'_1 bzw.
C', Z'_1. Die übrigen Achsen werden einmalig positioniert. Da
die Lage des Werkzeugvektors nahezu alle Maschinenachsen beeinflußt, wird zunächst das in Kapitel 3 definierte, zur Festlegung des Werkzeugvektors geeignete, mit der Kurve mitlaufende
B-System für die Drehfläche ermittelt.

5.2.1 Tangentenvektor der Raumkurve, Tangentenvektoren der Fläche, Normalenvektor der Fläche

Die Lage des B-Systems ist abhängig vom betrachteten Punkt
auf der Raumkurve. Es besteht aus zwei zueinander orthogonalen Tangentenvektoren der Fläche, dem Tangentenvektor und
dem Seitenvektor der Flächenkurve. Die Orientierung des
Flächennormalenvektors kann so erfolgen, daß der Tangentenvektor, der Seitenvektor und der Normalenvektor ein positives
Tripel orthogonaler Einheitsvektoren darstellt. Für einen Be-
obachter, der auf den Normalenvektor blickt, entsteht der zur
Kurventangente normale Flächenvektor aus dem Einheitsvektor der
Kurventangente durch eine rechtwinklige Rechtsschwenkung
(Bild 3/4).

Tangentenvektor der Flächenkurve

$$t = \frac{d\mathfrak{r}}{ds} = \mathfrak{k}_u \frac{du}{ds} + \mathfrak{k}_v \frac{dv}{ds} \qquad (5-1)$$

Dieser Tangentenvektor ist ein Einheitsvektor.

Normalenvektor der Fläche

Der nicht normierte Normalenvektor steht im betrachteten
Punkt senkrecht auf der Fläche und ist erklärt als Außen-
produkt der Richtungen der Parameterlinien $\mathfrak{k}_u$ und $\mathfrak{k}_v$.

$$\mathfrak{N} = \mathfrak{k}_u \times \mathfrak{k}_v \qquad (5-2)$$

Normaleneinheitsvektor der Fläche

$$n = \frac{\mathfrak{N}}{|\mathfrak{N}|} = \frac{\mathfrak{r}_u \times \mathfrak{r}_v}{\sqrt{EG-F^2}} = \frac{\mathfrak{r}_u \times \mathfrak{r}_v}{W} \quad (5-3)$$

Seitenvektor der Flächenkurve

Ist
$$s = \frac{d\mathfrak{r}}{dn} = \mathfrak{r}_u \frac{du_n}{dn} + \mathfrak{r}_v \frac{dv_n}{dn} \quad (5-4)$$

ein zum Tangentenvektor t orthogonaler Tangentenvektor der Fläche, dann gilt nach Gleichung 4-15 für den Winkel, den die Vektoren miteinander einschließen: $\cos\vartheta = 0$ und insbesondere

$$E\,du\,du_n + F(du\,dv_n + dv\,du_n) + G\,dv\,dv_n = 0. \quad (5-5)$$

Da die Einheitsvektoren t, s und n orthogonal sind und ein Rechtssystem bilden, gilt:

$$t \times s = n \quad (5-6)$$

$$\left[\mathfrak{r}_u \frac{du}{ds} + \mathfrak{r}_v \frac{dv}{ds}\right] \times \left[\mathfrak{r}_u \frac{du_n}{dn} + \mathfrak{r}_v \frac{dv_n}{dn}\right] = \frac{\mathfrak{r}_u \times \mathfrak{r}_v}{W} \quad (5-7)$$

Aus den Gleichungen 5-5 und 5-6 unter Berücksichtigung des Quadrates des Bogenelementes nach Gleichung 4-14 ergeben sich die Beziehungen [10, S. 28]:

$$\frac{du_n}{dn} = -\frac{1}{W}\left(F\frac{du}{ds} + G\frac{dv}{ds}\right) \quad (5-8)$$

$$\frac{dv_n}{dn} = +\frac{1}{W}\left(E\frac{du}{ds} + F\frac{dv}{ds}\right) \quad (5-9)$$

5.2.2 Werkzeugvektor des Formfräsers $\mathfrak{w}_2$ auf Drehflächen

Nach Kapitel 3.2 liegt der Werkzeugvektor $\mathfrak{w}_2$ in der $\mathfrak{s}\mathfrak{n}$ -Ebene des mitlaufenden Koordinatensystems.

$$\mathfrak{w}_2 = \cos\alpha\, \mathfrak{s} + \sin\alpha\, \mathfrak{n} \qquad (5\text{-}10)$$

Unter Berücksichtigung der Gleichungen 4-10 und 4-11 sowie der Fundamentalgrößen erster Art der Flächentheorie nach Gleichung 4-19 lassen sich die Einheitsvektoren $\mathfrak{s}$ und $\mathfrak{n}$ im W-System darstellen als:

$$\mathfrak{n} = \frac{1}{r\sqrt{1+\left(\frac{dz(r)}{dr}\right)^2}} \left(r\cos\varphi \frac{dz(r)}{dr} \mathfrak{i}_w + r\sin\varphi \frac{dz(r)}{dr} \mathfrak{j}_w - r\mathfrak{k}_w \right) \qquad (5\text{-}11)$$

$$\mathfrak{s} = \frac{1}{r\sqrt{1+\left(\frac{dz(r)}{dr}\right)^2}} \Bigg\{ \left[+r\sin\varphi \left(1+\left(\frac{dz(r)}{dr}\right)^2\right)\frac{dr}{ds} + r^2\cos\varphi \frac{d\varphi}{ds} \right] \mathfrak{i}_w -$$

$$- \left[r\cos\varphi\left(1+\left(\frac{dz(r)}{dr}\right)^2\right)\frac{dr}{ds} - r^2\sin\varphi \frac{d\varphi}{ds} \right] \mathfrak{j}_w +$$

$$+ \frac{dz(r)}{dr} r^2 \frac{d\varphi}{ds} \mathfrak{k}_w \Bigg\} \qquad (5\text{-}12)$$

Die Einführung neuer, aus $\mathfrak{i}_w$, $\mathfrak{j}_w$ und $\mathfrak{k}_w$ durch Drehung um den Winkel φ entstehenden zueinander orthogonalen Einheitsvektoren (Bild 5/5)

$$\begin{aligned}
\mathfrak{e}_1 &= \cos\varphi\, \mathfrak{i}_w + \sin\varphi\, \mathfrak{j}_w \\
\mathfrak{e}_2 &= -\sin\varphi\, \mathfrak{i}_w + \cos\varphi\, \mathfrak{j}_w \\
\mathfrak{e}_3 &= \mathfrak{k}_w ,
\end{aligned} \qquad (5\text{-}13)$$

gestattet es, den Werkzeugvektor unabhängig von einer Drehung um die C'-Achse zu beschreiben.

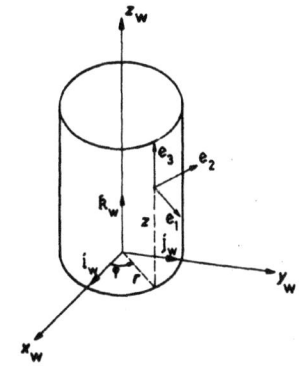

Bild 5/5: Einführung eines Koordinatensystems auf dem Zylindermantel

Nach Einführung dieses Koordinatensystems wird:

$$\mathfrak{w}_2 = e_1 e_1 + e_2 e_2 + e_3 e_3 \tag{5-14}$$

$$\mathfrak{w}_2 = \frac{1}{\sqrt{1 + \left(\frac{dz(r)}{dr}\right)^2}} \left\{ \left[+\sin\alpha \frac{dz(r)}{dr} + r\cos\alpha \frac{d\varphi}{ds} \right] e_1 - \right.$$
$$- \cos\alpha \left[1 + \left(\frac{dz(r)}{dr}\right)^2 \right] \frac{dr}{ds} \ e_2 -$$
$$\left. - \left[\sin\alpha - r\cos\alpha \frac{d\varphi}{ds}\frac{dz}{dr} \right] e_3 \right\} . \tag{5-15}$$

5.2.3 Die Transformationsgleichungen der Nutenfräsmaschine

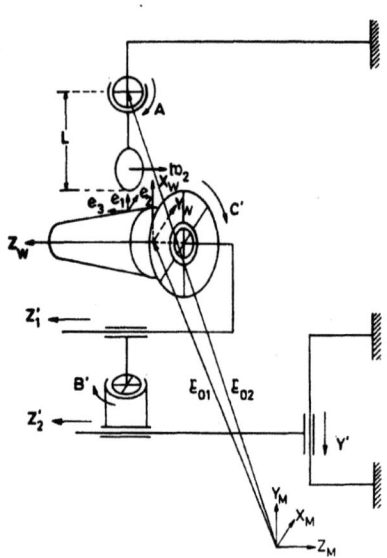

Bild 5/6: Bauform der Nutenfräsmaschine und Lage der Koordinatensysteme

Für das in Bild 5/6 festgelegte M-System können die Transformationsgleichungen der das Werkstück positionierenden Achsen unmittelbar aus den Gleichungen im W-System unter Berücksichtigung der Lage des Fräsers gebildet werden.

$$c'_M = \varphi(s) + \varphi_o$$
$$z'_{M1} = -z(s) + Z'_{o1}$$
$$y'_M = r(s) + Y'_{o1} - L \cdot \cos a_M$$
$$z'_{M2} = L \cdot \sin a_M + Z'_{o2} - Z'_{o1}$$

(5-16)

Die Schwenkwinkel der das Werkzeug positionierenden Achsen ergeben sich aus den Kugelkoordinaten des im Zylinderkoordinatensystem dargestellten Werkzeugvektors.

$$b'_M = -\arctan\frac{e_2}{e_3} = -\arctan\frac{\cos\alpha\left[1+\left(\frac{dz(r)}{dr}\right)^2\right]\frac{dr}{ds}}{\sin\alpha - r\cos\alpha\frac{d\varphi}{ds}\frac{dz}{dr}} \qquad (5-17)$$

$$a_M = \arctan\frac{e_1}{\sqrt{e_2^2 + e_3^2}}$$

$$= \arctan\frac{+\sin\alpha\frac{dz(r)}{dr} + r\cos\alpha\frac{d\varphi}{ds}}{\sqrt{\cos^2\alpha\left[1+\left(\frac{dz(r)}{dr}\right)^2\right]^2\left(\frac{dr}{ds}\right)^2 + \left(\sin\alpha - r\cos\alpha\frac{d\varphi}{ds}\frac{dz}{dr}\right)^2}} \qquad (5-18)$$

5.2.4 Die Leitfunktionen zweier Bearbeitungsbeispiele

Die Definitionen der Raumkurve als Böschungslinie und Loxodrome führen am Beispiel des kegeligen und zylindrischen Grundkörpers auf jeweils identische Kurvenverläufe (Bild 5/7).

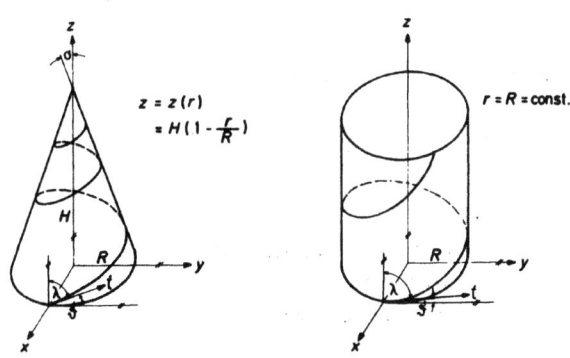

<u>Bild 5/7:</u>   Böschungslinie und Loxodrome auf Kegel und Zylinder

Böschungslinie des Kegels Loxodrome des Kegels

$$r = R - \frac{R}{H}\cos\lambda \cdot s \quad (5\text{-}19) \qquad r = R - \sin\vartheta \sin\sigma \cdot s \quad (5\text{-}20)$$

$$z = \cos\lambda \cdot s \qquad\qquad\qquad z = \sin\vartheta \cos\sigma \, s$$

$$\varphi = -\sqrt{\cot^2\sigma \cdot \tan^2\lambda - 1}\, \ln\!\left(1 - \frac{\cos\lambda}{H}s\right) \qquad \varphi = -\frac{\cot\vartheta}{\sin\sigma}\ln\!\left(1 - \frac{\sin\vartheta \sin\sigma}{R}s\right)$$

Umrechnungsbeziehung: $\sin\vartheta \cos\sigma = \cos\lambda$

Böschungslinie des Zylinders Loxodrome des Zylinders

$r = R$ $r = R$

$z = \cos\lambda \cdot s$ $z = \sin\vartheta \cdot s$

$\varphi = \frac{\sin\lambda}{R}s \quad (5\text{-}21)$ $\varphi = \frac{\cos\vartheta}{R}s \quad (5\text{-}22)$

Umrechnungsbeziehung: $\sin\vartheta = \cos\lambda$

Werkzeugvektor des Kegels:

$$\mathfrak{w}_2 = -(\sin\alpha \cos\sigma - \cos\alpha \cos\vartheta \sin\sigma)\,e_1 + \cos\alpha \sin\vartheta \, e_2 - (\sin\alpha \sin\sigma + \cos\alpha \cos\vartheta \cos\sigma)\,e_3 \quad (5\text{-}23)$$

Werkzeugvektor des Zylinders:

$$\mathfrak{w}_2 = +\sin\alpha\, e_1 - \cos\alpha \sin\vartheta\, e_2 + \cos\alpha \cos\vartheta\, e_3 \quad (5\text{-}24)$$

Die Zeitfunktionen werden nach den Gleichungen 3-7 aus den Transformationsgleichungen durch Differentiation nach der Zeit gewonnen.

Zeitfunktionen der Raumkurve des Kegels:

$$dc'_M = \frac{\cos\vartheta}{R - \sin\vartheta \sin\sigma \cdot s(t)} v(t) dt \qquad (5-25)$$

$$dz'_{M1} = -\sin\vartheta \cos\sigma \cdot v(t) dt \qquad (5-26)$$

$$dy'_M = -\sin\vartheta \sin\sigma \cdot v(t) dt \qquad (5-27)$$

Zeitfunktionen der Raumkurve des Zylinders:

$$dc'_M = \frac{\cos\vartheta}{R} \cdot v(t) dt \qquad (5-28)$$

$$dz'_{M1} = -\sin\vartheta \cdot v(t) dt \qquad (5-29)$$

Achsen, deren Transformationsgleichungen vom Bogen s unabhängig sind, werden vor der Bearbeitung durch eine einmalige Stellbewegung positioniert.

5.3 Zusammenfassung

Dieses Kapitel hat den zu Beginn von Kapitel 4.1 angesprochenen Einfluß der Auswahl der Maschine, der Technologie des Fertigungsvorganges und der Definition des Schneidenverlaufs auf die Bildung der Zeitfunktionen gezeigt. Durch die gewählte Anordnung der Maschinenachsen konnte für die betrachteten Fertigungsbeispiele die Zahl der simultan zu steuernden Achsen beim zylindrischen Gesenkfräser auf zwei und beim kegeligen Gesenkfräser auf drei beschränkt werden.

6 Numerische Integration

Um die in den vorhergehenden Kapiteln entwickelten Zeitfunktionen, nach denen die Maschinenachsen geführt werden, bei einer großen Auflösung genügend genau zu erzeugen, bedient man sich bei der technischen Ausführung digital arbeitender Rechenwerke. Hiermit kann die bei numerisch gesteuerten Werkzeugmaschinen geforderte Genauigkeit bei der Darstellung der Zeitfunktionen in der Steuerung von mindestens 0,01 mm erreicht werden, wohingegen ein Analogrechner lediglich eine relative Genauigkeit von etwa 0,1% liefert. Die Auswahl der zur Funktionsberechnung verwendeten mathematischen Methoden ist abhängig von der erwarteten Genauigkeit und dem zu ihrer Realisierung benötigten Aufwand. Zwei Lösungswege sind im Bereich der Werkzeugmaschinensteuerung zur Darstellung der Zeitfunktionen bekannt geworden.

Die als bestimmtes Integral der Achsgeschwindigkeiten vorliegende Zeitfunktion wird für das gesamte Integrationsintervall durch numerische Integration berechnet. Diese Lösung, die in Kapitel 6 im Hinblick auf die Anwendung bei numerischen Sondersteuerungen an Werkzeugmaschinen untersucht wird, erfordert Rechenwerke, die nach den zu integrierenden Funktionen auszulegen sind. Einheitlich aufgebaute Rechenwerke sind möglich, wenn die Zeitfunktion durch eine Punktfolge dargestellt ist, die durch Polynome interpoliert wird. Der Aufwand für das Rechenwerk hängt vom Grad des Interpolationspolynoms ab. Weitere Lösungsmöglichkeiten, von denen eine, die Reihenentwicklung des Ortsvektors der Raumkurve, in Kapitel 7 betrachtet wird, bestehen in der Anwendung der Verfahren zur Approximation von Raumkurven.

6.1 Elementare numerische Integrationsverfahren

Aus der Definition des bestimmten Integrals als Grenzwert einer Summe sind Methoden zur näherungsweisen Berechnung des bestimmten Integrals entwickelt worden. Eine Möglichkeit ihrer technischen Auswertung bietet das unter dem Namen digital differential analyser (DDA) bekannt gewordene Verfahren. Es ist die Grundlage für die Ausführung der in numerischen Steuerungen eingesetzten Rechenwerke.

Für die Ermittlung des Integralwertes $\int_a^b f(x)\,dx$ muß die Funktion $f(x)$ im betrachteten Integrationsbereich als integrierbar vorausgesetzt werden. Das Integrationsintervall, das durch $x_0 = a$ und $x_n = b$ beschrieben ist, wird in n gleiche Teile der Breite h geteilt:

$$h = \frac{b-a}{n} \qquad (6-1)$$

Relativ einfache Regeln zur näherungsweisen Berechnung des bestimmten Integrals ergeben sich, wenn man, wie in dem hier gewählten Beispiel der monoton ansteigenden Funktion (Bild 6/1), die Funktion $f(x)$ durch einen inneren Polygonzug P_1 und einen äußeren Polygonzug P_2 annähert. Deutet man den Wert des Integrals als Fläche, dann liegt deren Größe zwischen den Funktionswerten von P_1 und P_2. Der arithmetische Mittelwert beider Funktionen führt auf die Sehnentrapezformel (6-4), der die geometrische Vorstellung zu Grunde liegt, daß die Funktion $f(x)$ durch ein Sehnenpolygon T nach Bild 6/1 ersetzt wird.

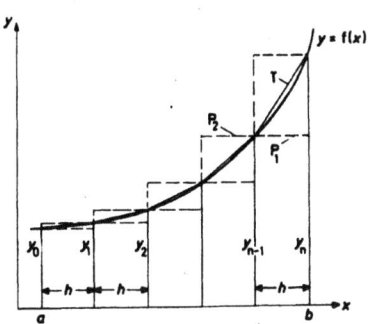

Bild 6/1: Approximation einer Funktion durch ein Sehnentrapezpolygon und Rechteckpolygone

Nach Bild 6/1 folgt mit $y_0 = y_a$ und $y_n = y_b$:

$$P_1 = h(y_a + y_1 + \ldots + y_{n-1}) \quad (6-2)$$

$$P_2 = h(y_1 + \ldots + y_{n-1} + y_b) \quad (6-3)$$

$$T = \frac{P_1 + P_2}{2} = h(\frac{y_a}{2} + y_1 + \ldots + y_{n-1} + \frac{y_b}{2}) \quad (6-4)$$

Genauere Ergebnisse werden erreicht, wenn der Integrand durch Interpolationspolynome höheren Grades angenähert wird, wobei für einen Rechenschritt abhängig vom Grad des Polynoms mehrere Stützstellen gleichzeitig betrachtet werden.

Bei der Auswahl der Formel Q(h) zur näherungsweisen Berechnung des Integralwertes ist der Fehler R(f) zu berücksichtigen, der von der Funktion selbst und der Schrittweite h abhängt:

$$\int_a^b f(x)dx = Q(h) + R(f) \quad (6-5)$$

Für die angegebenen Beispiele gelten die Restfehlerformeln [13] :

$$R(f)_{P_1} = \frac{h}{2} f'(\xi)(x_n - x_0) \quad (6-6)$$

$$R(f)_{P_2} = -\frac{h}{2} f'(\xi)(x_n - x_0) \quad (6-7)$$

$$R(f)_T = -\frac{h^2}{12} f''(\xi)(x_n - x_0) \quad (6-8)$$

Dabei ist ξ ein bestimmter, innerhalb des betrachteten Integrationsintervalls liegender Wert. Der Fehler liegt zwischen zwei Schranken, deren Werte genau angegeben werden können. Für die Sehnentrapezformel gilt:

$$\frac{h^2}{12}(x_n - x_0) \min_{x \in [x_0, x_n]} |f''(x)| \leq |R(f)| \leq \frac{h^2}{12}(x_n - x_0) \max_{x \in [x_0, x_n]} |f''(x)| \quad (6-9)$$

Anhand der Restfehlerformel kann die Leistungsfähigkeit der Näherungslösungen beurteilt werden. So können mit den Gleichungen 6-2 und 6-3 fehlerlos nur Funktionen berechnet werden, die Konstanten darstellen und mit der Gleichung 6-4 nur lineare Funktionen.

6.2 Die Digitale Differenzen-Summation [14]

Mit der Methode der Digitalen Differenzen-Summation können die Zeitfunktionen schrittweise und synchron zum Bearbeitungsprozeß bei vertretbarem Aufwand berechnet werden. In dem Rechenwerk eines DDA's wird der Integralwert einer Funktion durch Mehrfachadditionen näherungsweise ermittelt. Die in Kapitel 6.1 aufgeführten Formeln können in der dort angegebenen Form nicht unmittelbar verwendet werden, da die Zeitfunktion zu jedem beliebigen Zeitpunkt genügend genau angenähert werden muß. Führt man anstelle der festen oberen Integralgrenze b eine variable x ein, dann können die Gleichungen 6-2 bis 6-4 zur Bestimmung des Integrals

$$z = \int_{x_o}^{x} y(x) dx \quad *\qquad (6-10)$$

als Summe dargestellt werden

$$z_n = \Delta x \sum_{\nu=1}^{n} y_\nu , \qquad (6-11)$$

in der der Funktionswert $\overline{y_\nu}$ an einer beliebigen Stelle im Integrationsintervall von der Art der Näherung des Integranden $y(x)$ abhängig ist und selbst als Summe interpretiert wird. Wie in den Gleichungen 6-2 ff wird mit einer konstanten Schrittweite Δx gearbeitet.

Für die Approximation der Funktion durch einen inneren Polygonzug gilt:

$$y_\nu = y_0 + \sum_{\mu=0}^{\nu-1} \Delta y_\mu \qquad (6-12)$$

Für die Approximation der Funktion durch einen äußeren Polygonzug gilt:

$$y_\nu = y_0 + \sum_{\mu=1}^{\nu} \Delta y_\mu \qquad (6-13)$$

---

* Die in diesem Kapitel verwendeten Formelzeichen x, y, z sind nicht mit den Bezeichnungen für die Koordinatenachsen der Fräsmaschine X, Y, Z und deren Variablen x, y, z zu verwechseln.

Für die Sehnentrapezapproximation gilt:

$$y_v = y_0 + \sum_{\mu=1}^{v-1} \Delta y_\mu + \frac{1}{2}\Delta y_v \qquad (6-14)$$

$$\Delta y_v = y_v - y_{v-1} \qquad (6-15)$$

Die Formeln sind so aufgebaut, daß der Funktionswert y an der Stelle v durch Summation der Differenzen Δy entsteht. Bei entsprechender Auslegung des Rechenwerks kann auch der Wert des Integrals nach 6-10 inkrementweise ermittelt werden. Ist die Recheneinheit Δx identisch mit dem Weginkrement der Maschinenachse, so kann die Ausgabe des DDA's direkt mit den Lagerregelkreisen der Maschine gekoppelt werden.

Die Struktur des Rechenwerkes zur Lösung der Gleichungen 6-11 bis 6-14 ist vom Bau der Gleichungen selbst und damit von der Art der Approximation der Funktion y(x) abhängig. Die Rechenvorschrift für beide Rechteckapproximationen sieht ein Rechenwerk vor, das während des v-ten Rechentaktes zu den bisher eingelaufenen Differenzen Δy den Wert Δy_v addiert und anschließend den so entstandenen Funktionswert y_v zu den vorherigen Funktionswerten aufsummiert. Die Bewertung des Ergebnisses dieser Summation durch den Einheitsschritt Δx kann entfallen, wenn die Recheneinheit, wie allgemein angestrebt, mit der Auflösung der Prozeßgröße identisch ist.

Liegen die Differenzen Δy_v in Inkrementen der Recheneinheit vor, z.B. als Ergebnis einer vorgeschalteten Integration, dann ist zu ihrer Summation und Abspeicherung ein Register mit Akkumulatoreigenschaft nötig. Ihm wird vor Durchführung des v-ten Rechenschrittes der entsprechende y-Wert entnommen. Um auch das Ergebnis der Summation von y- und z- Wert inkremental vorliegen zu haben, werden alle Zahlen auf die größte während des Prozesses vorkommende Zahl bezogen. Die bei der Rechnung auftretenden Überträge entsprechen den Steuereinheiten des Prozesses.

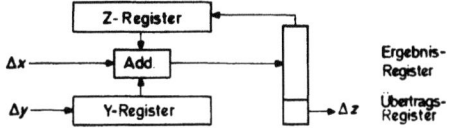

Bild 6/2: Rechenwerk eines DDA's für eine Rechteckapproximation der Integrandenfunktion durch einen Polygonzug P_1

Das Blockschaltbild 6/2 zeigt die wesentlichen Baueinheiten des Integrators. Das Ergebnis der Addition der Inhalte von Y- und Z- Register wird zwischenzeitlich in einem Ergebnis-Register abgespeichert. Ergebnis- Register und Z- Register können bei Verwendung geeigneter Speicherelemente zu einem Register zusammengefaßt werden. Y- und Z- Register haben die gleiche Stellenzahl. Für die vorübergehende Abspeicherung des Übertrags wird eine Speicherzelle benötigt.

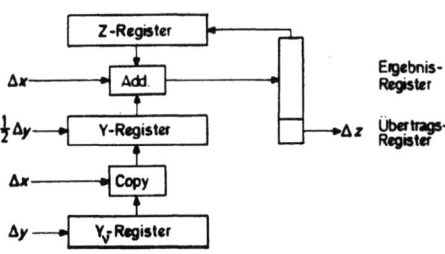

Bild 6/3: Rechenwerk eines DDA's für die Sehnentrapezapproximation der Integrandenfunktion

Jede Verbesserung der Näherung der Integrandenfunktion bedingt eine Erhöhung des Aufwandes des Rechenwerkes. Für die Sehnentrapezapproximation werden zwei Y- Register benötigt. Zu Beginn des ν-ten Rechenschrittes steht im Y_ν-Register der Wert y_ν, der während des Taktes ins Y- Register übernommen wird und zu dem $\frac{1}{2}\Delta y$ hinzuaddiert werden. Der Inhalt des

Y- Registers wird zum z- Wert des vorherigen Taktes addiert. Während eines Rechentaktes sind im Rechenwerk eine Schiebeoperation und zwei Additionen durchzuführen.

Die im folgenden gemachten Aussagen über Rechteckapproximation beziehen sich auf eine Darstellung des Integranden durch einen Polygonzug P_1 nach Bild 6/1.

6.3 DDA- Integratoren

Die symbolische Darstellung des digitalen Integrators ist von der Art der Näherung der Integrandenfunktion unabhängig. Sie verwendet die Differentiale aller am Integrationsprozeß beteiligten Variablen ungeachtet der tatsächlichen praktischen Verhältnisse, die, wie zum Beispiel in den Bildern 6/2 und 6/3, durch endlich kleine Inkremente gekennzeichnet sind.

<u>Bild 6/4:</u>   Symbol des DDA - Integrators

Zur Realisierung der Gleichungen 5-26 bis 5-29 ist prinzipiell ein Integrator ausreichend, wenn alle Parameter zu einem zusammengefaßt werden. Bei der Integration einer Konstanten treten keine Inkremente Δy auf. Das Y- Register enthält den voreingestellten Parameter, der auf den größten Wert bezogen ist, der im Laufe des Prozesses auftritt.

<u>Bild 6/5:</u>   Integration einer konstanten Funktion

Die Gleichung 5-25 kann bei konstanter Bahngeschwindigkeit
bis auf eine Konstante vor dem gesamten Ausdruck auf die
Form gebracht werden:

$$dy = \frac{1}{1-kx} \cdot k \cdot dx \qquad (6-16)$$

In einem ersten Integrator entstehen die Inkremente Δy durch
die Summation aller $\Delta(\frac{1}{1-kx})$ während der Rechentakte $k\Delta x$.

$$\boxed{\frac{1}{1-kx}} \begin{array}{c} k \cdot dx \\ \longrightarrow \\ d\left(\frac{1}{1-kx}\right) \end{array} \rightarrow dy = d[-\ln(1-kx)] = \frac{1}{1-kx} k \cdot dx$$

<u>Bild 6/6</u>: Integrator zur Bildung der Funktion $y = -\ln(1-kx)$

Die Differenz $\Delta(\frac{1}{1-kx})$ wird in einem weiteren Integrator gebildet, wenn man vom Ergebnis des obigen Integrators ausgeht.

$$d\frac{1}{1-kx} = \frac{1}{(1-kx)^2} k\, dx = \frac{1}{1-kx} \cdot \frac{1}{1-kx} k\, dx \qquad (6-17)$$

Mit $\frac{1}{1-kx} k\Delta x$ wird der Takt vorgegeben. $\frac{1}{1-kx}$ ist der Integrand,
sodaß mit $\Delta(\frac{1}{1-kx})$, dem erwarteten Ergebnis, das Y-Register gespeist wird.

$$\boxed{\frac{1}{1-kx}} \begin{array}{c} \frac{1}{1-kx} k \cdot dx \\ \longrightarrow \\ d\left(\frac{1}{1-kx}\right) \end{array}$$

<u>Bild 6/7</u>: Integrator zur Bildung der Funktion $y = \frac{1}{1-kx}$

Das zusammengefaßte Blockschaltbild beider Integratoren ist
in Bild 6/8 enthalten.

6.4 Bestimmung der Registerlänge von DDA - Integratoren

Die Verwendungsmöglichkeit von DDA - Integratoren zur direkten Funktionsberechnung in numerischen Steuerungen hängt von den an die Fertigungseinrichtung gestellten Anforderungen ab. Hierbei sind die Auflösung der Meßsysteme und die maximale Bahngeschwindigkeit während der Bearbeitung von ausschlaggebender Bedeutung. Eine Randbedingung, die von Seiten der Steuerung hinzukommt, ist die maximale Arbeitsgeschwindigkeit der verwendeten Bausteine des Rechenwerkes.

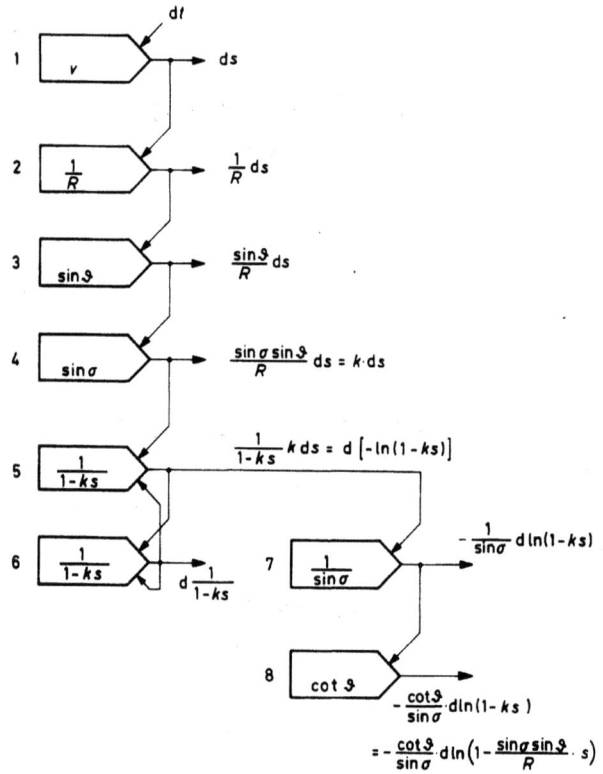

Bild 6/8: Integratorkonfiguration zur Bildung der Zeitfunktion $dc'_M = \frac{\cos \vartheta}{R - \sin \vartheta \sin \sigma \cdot s(t)} v(t) dt$ nach Gleichung 5-25 bei konstanter Bahngeschwindigkeit

Sollen alle Parameter, wie in Bild 6/8 angegeben, einzeln
und unabhängig voneinander einstellbar sein, so beansprucht
jeder einen Integrator. Wenn es die Rechenzeit gestattet,
können die Additionsschritte aller Integratoren der numerischen Steuerung in demselben Rechenwerk nacheinander durchgeführt werden, wobei jedoch Integrandenregister und Ergebnisregister getrennt zu realisieren sind.

Um nähere Einzelheiten des Rechenwerkes bestimmen zu können,
müssen die Wertebereiche aller Parameter und Konstanten bekannt sein. Bei der Festlegung der Registerlängen wird davon
ausgegangen, daß das Integrandenregister nur Werte y_v enthält,
die kleiner oder höchstens eins sind. Hiermit wird erreicht,
daß die Ausgabe des Integrationsergebnisses inkremental erfolgt.

$$|y_r| \leq 1 \quad * \qquad (6\text{-}18)$$

Umrechnungsfaktoren stellen den Zusammenhang zwischen Problem- und Rechenwerten her, wobei eine Recheneinheit umgekehrt proportional zum Umrechnungsfaktor ist.

$$y_r = k_y y_p \quad *$$

$$dx_r = k_{dx} dx_p$$

$$dy_r = k_{dy} dy_p$$

$$dz_r = k_{dz} dz_p \qquad (6\text{-}19)$$

Da für Problem- und Rechenwerte die differentielle Form der
Grundgleichung eines Integrators

$$dz = y\, dx \qquad (6\text{-}20)$$

---

* r: Rechenwerte
  p: Problemwerte

gilt, folgt mit Gleichung 6-20 unmittelbar die entsprechende
Beziehung für die Umrechnungsfaktoren

$$k_{dz} = k_y k_{dx}. \qquad (6-21)$$

Im Interesse einer vollständigen Ausnutzung des Wertevorrats
des Rechenwerkes wird nach Gleichung 6-18 $|y_r|_{max} = 1$ festgelegt.

$$k_y = \frac{1}{|y_{pmax}|} \qquad (6-22)$$

Die Stellenzahl n von Integrandenregister und Z- Register
ist abhängig von der Auflösung und dem Wertebereich des
Integranden. Bei dezimaler Organisation des Rechenwerkes
gilt:

$$n = \lg \frac{k_{dy}}{k_y} \qquad (6-23)$$

Zur Festlegung von k_{dz} muß die Bedeutung eines vom Rechen-
werk gebildeten und im Übertragsregister gespeicherten
Ausgabeinkrementes betrachtet werden. Für das Rechenwerk
stellt dieses Inkrement als eine Recheneinheit die größte
Zahl dar, für das Problem ist dies jedoch die kleinste
Einheit.

$$k_{dz} = \frac{1}{|z_{pmin}|} \qquad (6-24)$$

Für Integratoren, die unabhängig von anderen Rechenwerken
arbeiten, reichen die Gleichungen 6-21 bis 6-24 nicht aus,
den Umrechnungsfaktor k_{dy} und die Registerlänge n zu bestimmen. Die beiden Werte sind innerhalb technisch gegebener
Grenzen frei wählbar. Beliebig kleine Werte Δx_v bedingen
neben einer unbegrenzten Erhöhung der Stellenzahl n des Inte-
grandenregisters eine nicht realisierbare Rechentaktfrequenz.
Bei Reihenschaltungen von Integratoren ist k_{dy} durch k_{dz} des
speisenden Integrators festgelegt.

Die Frequenz der Impulsausgabe eines Integrators hängt von der Eingabegeschwindigkeit der Inkremente Δx und dem aktuellen Inhalt des Y- Registers ab.

$$f_{dz} = y_r \cdot f_{dx} \qquad (6-25)$$

Diese Beziehung sagt aus, daß die Ausgabefrequenz im Grenzfall gerade die Eingabefrequenz erreichen kann. So betrachtet, hat ein DDA - Integrator die Funktion eines Frequenzteilers. Die Eingabefrequenz f_{dx} selbst wird bei gegebener Bahngeschwindigkeit v durch die Feinheit der Teilung des Integrationsintervalls festgelegt. Dadurch, daß die Taktfrequenz an die endliche Arbeitsgeschwindigkeit der Bauelemente gebunden ist, ist die Auflösung und damit auch die Genauigkeit der Darstellung einer Funktion begrenzt.

6.5 Dimensionierung des Beispiels $z = -\ln(1-x)$

Zur Festlegung der Umrechnungsfaktoren des Beispiels nach Bild 6/6 und 6/7 wird von einem maximalen Problemwert $y_{p\,max} = 10$ ausgegangen. Innerhalb des Bearbeitungsbeispiels nach Bild 6/8 ist diese Schranke durch die Höhe des Kegelstumpfes gegeben. Eine vollständige Bearbeitung des Kegels bis zur Spitze würde den theoretischen Wert $y_{p\,max} = \infty$ vorschreiben. Die Auflösung des Ergebnisses wird zu $\Delta z = 10^{-v}$ festgelegt. Die spezielle Struktur zur Bildung der logarithmischen Funktion liefert für die Kopplung der Integratoren 5 und 6 (Bild 6/8) wegen $dz_6 = dy_5$.

$$k_{dz6} = k_{dy5} \qquad (6-26)$$

und für die Rückkopplung des Integrators 6

$$k_{dy6} = k_{dz6} \qquad (6-27)$$

Unter Berücksichtigung der Gleichungen 6-18 ff ergeben sich unmittelbar die Bestimmungsgrößen der Integratoren.

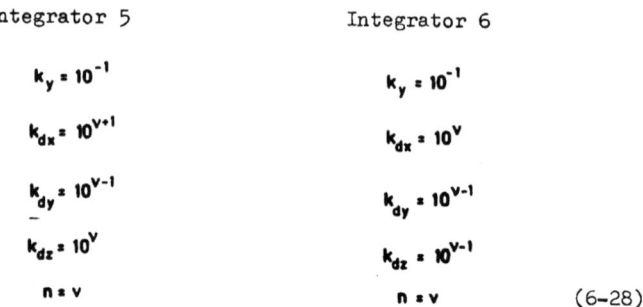

Integrator 5

$k_y = 10^{-1}$

$k_{dx} = 10^{v+1}$

$k_{dy} = 10^{v-1}$

$k_{dz} = 10^{v}$

$n = v$

Integrator 6

$k_y = 10^{-1}$

$k_{dx} = 10^{v}$

$k_{dy} = 10^{v-1}$

$k_{dz} = 10^{v-1}$

$n = v$ \hfill (6-28)

Für $v = 2$ zeigt Bild 6/9 die Integratorkonfiguration. Die Startbedingung $x = 0$ liefert die Ausgangswerte der Integrandenregister nach der Integrandenfunktion 6-29 zu $y_5 = y_6 = 1$.

$$y = \frac{1}{1-x} \qquad (6-29)$$

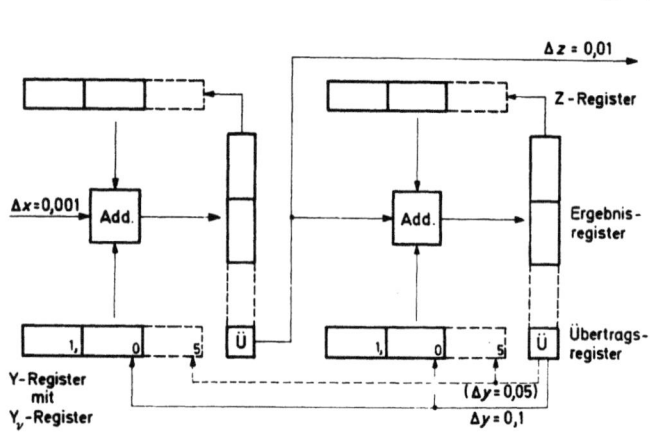

Bild 6/9: Auslegung des Rechenwerkes zur Bildung der Funktion $y = -\ln(1-x)$ für Rechteck- und Sehnentrapezapproximation

Durch Hinzufügen einer weiteren Dezimalstelle kann die Schaltung für die Sehnentrapezapproximation erweitert werden. Bei Darstellung der Zahlen im Dualsystem wird dies durch Ergänzug einer einzigen Binärstelle erreicht. Der nach Gleichung 6-14 gegenüber der Rechteckapproximation zusätzlich zu berücksichtigende Wert $\frac{1}{2}\Delta y$ ist stets der Wert eines halben Inkrementes, da die Integranden beider Rechenwerke selbst in Einheitsschritten erhöht werden.

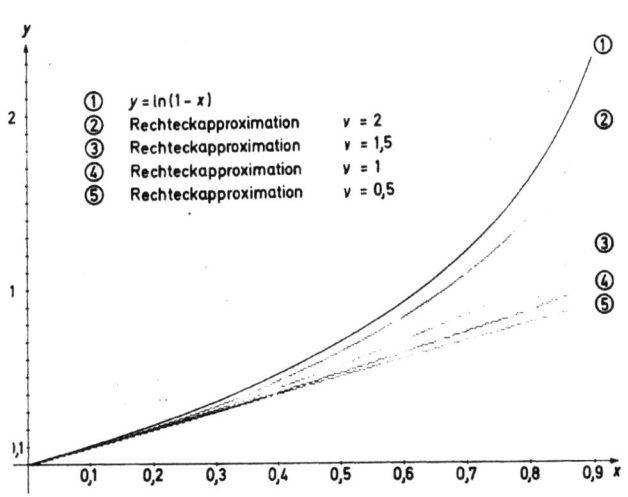

Bild 6/10: Rechteckapproximation der Funktion
$y = -\ln(1-x)$ im Bereich $0 \leqq x \leqq 1$

Einen Vergleich der Genauigkeit der Darstellung der Funktion
bei verschiedener Auflösung von Δz in der Rechteckapproximation sowie der Rechteck- und Sehnentrapezapproximation bei
gleicher Auflösung Δz zeigen die Bilder 6/10 und 6/11. Die
Kurven wurden durch Simulation der Integratorkonfiguration
auf einer Datenverarbeitungsanlage ermittelt. Gegenüber dem
theoretisch erwarteten Verlauf liegt die nach der Sehnentrapezformel gewonnene Kurve unterhalb der exakten Funktion.
Dies ist bedingt durch die näherungsweise Erzeugung der Integrandenfunktion $\frac{1}{1-x}$, sodaß das Verfahren eigentlich die
Sehnentrapezapproximation eines angenäherten Funktionsverlaufes ist. Bei Verwendung eines dual organisierten Rechenwerkes
sind für die betrachtete Funktion bei der Sehnentrapezapproximation 18 Binärstellen erforderlich, um an der Stelle $x = 0,75$
den Funktionswert auf 10^{-4} genau anzunähern.

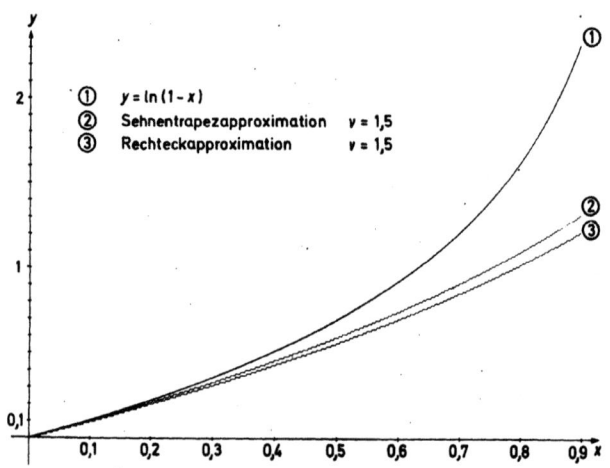

Bild 6/11: Vergleich von Rechteck- und Sehnentrapezapproximation der Funktion $y = -\ln(1-x)$
im Bereich $0 \leq x \leq 1$

6.6 Bedeutung des DDA- Verfahrens für die numerische Sondersteuerung

Wie die Ausführungen dieses Kapitels zeigen, können mit Hilfe des DDA- Verfahrens die Lagesollwerte der Koordinatenachsen von Werkzeugmaschinen nach den gewünschten Zeitfunktionen der Werkstück und Werkzeug bewegenden Achsen gebildet werden. Kennzeichnend für das Verfahren ist die Berücksichtigung der Funktionsänderungen um eine Einheit der Auflösung der zu berechnenden Zeitfunktion.

Die Genauigkeit der Darstellung einer Funktion hängt von der Art der Approximation ihrer Integrandenfunktion und von deren Auflösung ab, wobei die Auflösung Einfluß auf die Registerlänge und die Rechentaktfrequenz bei einer geforderten Impulsausgabefrequenz hat.

Es ist der Zusammenhang zwischen der Approximationsart der Integrandenfunktion, der Rechenvorschrift für das DDA-Verfahren und dem Rechenwerk aufgezeigt worden. Das für ein Beispiel entwickelte Rechenwerk macht deutlich, daß mit geringem Mehraufwand eine wesentliche Verbesserung der Genauigkeit der Darstellung der Zeitfunktion erreicht werden kann, wenn von der Rechteckapproximation zur Sehnentrapezapproximation übergegangen wird.

Der Anwendung des beschriebenen Verfahrens werden durch den Aufwand für die Rechenwerke technische Grenzen gesetzt. Verfolgt man das Beispiel von Bild 6/8 im einzelnen unter Berücksichtigung sinnvoll gewählter Grenzwerte aller unabhängigen Parameter, dann gelangt man bei einer angestrebten Auflösung des Winkels der betrachteten rotatorischen Achse von einer Bogenminute, zu Rechentaktfrequenzen von nahezu 200 MHz und einer Registerlänge für die Rechenwerke der Integratoren 5 und 6 von $v = 7$ Dezimalstellen.

Die dabei berücksichtigten Grenzen der Parameter sind:
Kegelhöhe H: 10 mm ... 1000 mm
Kegelwinkel σ: $0,5°$ ... $57°$
Drallwinkel λ: $0,0°$ ... $80°$
maximale Bahn-
geschwindigkeit v_o: 1200 $\frac{mm}{min}$

7 Interpolation von Raumkurven

Die direkte Funktionsberechnung durch numerische Integration nach dem DDA - Verfahren ist für Sondersteuerungen nicht uneingeschränkt anwendbar. Mathematisch komplizierte Funktionszusammenhänge, eine große Zahl von Parametern und hohe Bahngeschwindigkeiten bei einer hohen Auflösung der Verfahrwege der Maschinenachsen bedingen aufwendige Rechenwerke, deren Realisierung unwirtschaftlich ist.

Ein prinzipiell anderes Vorgehen zur Beschreibung von Raumkurven, das Steuerungen mit standardisierbaren Rechenwerken ermöglicht, ist die Darstellung der Funktionen durch Stützpunkte, die durch Interpolationspolynome miteinander verbunden werden. Das Interpolationsverfahren muß so gewählt werden, daß die interpolierte Näherungskurve bei großem Stützpunktabstand eine geringe Abweichung vom exakten Kurvenverlauf aufweist.

Die in numerischen Steuerungen von Mehrachsenmaschinen eingesetzten Interpolationsverfahren stellen bei relativ geringen Stützpunktabständen hohe Anforderungen an die gerätetechnische Ausrüstung der Steuerung und an die Aufbereitung der Daten vor der Eingabe in die Steuerung [15]. Die Interpolationsart - lineare oder parabolische Interpolation - wird dabei auf jede Maschinenachse getrennt angewendet. Zwischen zwei Stützpunkten interpolieren alle am Prozeß beteiligten Achsen gleichzeitig und unabhängig voneinander, sodaß von der Interpolationsart nicht direkt auf die sich ergebende Bahnkurve geschlossen werden kann, insbesondere dann nicht, wenn eine rotatorische Achse am Fertigungsprozeß beteiligt ist.

Eine Möglichkeit, Raumkurven mit weniger Stützpunkten genauer darstellen zu können, sieht H. Michaelis [16] darin, bei der Interpolation neben den Koordinaten der Stützpunkte weitere geometrische Informationen des Kurvenverlaufes zu berücksichtigen. Da jede Raumkurve $\underline{r}(s)$ durch ihre natürlichen Gleichungen

$$\varkappa = \varkappa(s) \quad \text{und} \quad \tau = \tau(s) \tag{7-1}$$

eindeutig bis auf ihre Lage im Raum bestimmt ist, scheinen die Krümmung $\varkappa$ und die Windung τ geeignete Größen für die Interpolation zu sein. Ausgehend vom Frenetschen Gleichungssystem führen Funktionsansätze in Polynomform

$$\varkappa = a_1 + b_1 s + c_1 s^2 + \ldots \tag{7-2}$$

$$\tau = a_2 + b_2 s + c_2 s^2 + \ldots \tag{7-3}$$

zur Bestimmung der Raumkurve, z.B. nach R. Rothe, auf Differentialgleichungen, die im allgemeinen mit elementaren Mitteln nicht gelöst werden können [9]. Für den Sonderfall der ebenen Kurve kann das Verfahren erfolgreich angewendet werden [16].

7.1 Die kanonische Entwicklung des Ortsvektors der Raumkurve

Eine Raumkurve, die in ihrem Definitionsbereich analytisch ist, kann in der Umgebung eines Punktes s_0 durch die Entwicklung ihres Ortsvektors $\underline{r}(s)$ dargestellt werden:

$$\underline{r}(s) = \underline{r}(s_0) + \underline{r}'(s_0)(s-s_0) + \underline{r}''(s_0)\frac{(s-s_0)^2}{2!} + \underline{r}'''(s_0)\frac{(s-s_0)^3}{3!} + \ldots \tag{7-4}$$

Um zu zeigen, daß der Anfang der kanonischen Entwicklung des Ortsvektors der Raumkurve für einen gewissen Bereich eine geeignete Näherung liefert, wird die geometrische Bedeutung der Koeffizienten der ersten drei Glieder der Reihe betrachtet. Sind mit $\underline{t}_0, \underline{h}_0, \underline{b}_0$ der Tangentenvektor, der Hauptnormalenvektor und der Binormalenvektor im Entwicklungspunkt gegeben, die zusammen ein orthogonales Rechtssystem bilden (Bild 7/1) und das begleitende Dreibein der Kurve im betrachteten Punkt darstellen, dann kann nach [9, S. 179] die Reihe in Abhängigkeit der natürlichen Größen der Raumkurve, der Krümmung $\varkappa$ und Windung τ, ausgedrückt werden:

$$\underline{r}(s) = [s \qquad -\varkappa_0^2 \frac{s^3}{3!} + \cdots] \underline{t}_0 +$$
$$+ [\quad \varkappa_0 \frac{s^2}{2!} + \varkappa_0' \frac{s^3}{3!} + \cdots] \underline{h}_0 +$$
$$+ [\qquad \varkappa_0 \tau_0 \frac{s^3}{3!} + \cdots] \underline{b}_0 \qquad (7-5)$$

Beschränkt man sich auf das jeweils erste Glied jeder Vektorrichtung, dann wird die Raumkurve in dem $\underline{t}_0 \underline{h}_0 \underline{b}_0$-Achsenkreuz durch die kubische Schmiegparabel angenähert. Beide Kurven stimmen im Entwicklungspunkt in ihrer Krümmung und Windung überein.

Um einer Entwicklung des Ortsvektors der Raumkurve, die sich auf das begleitende Dreibein $\underline{t}_0, \underline{h}_0, \underline{b}_0$ bezieht, diese Eigenschaften zu geben, müssen mindestens die Glieder dritter Ordnung in s berücksichtigt werden.

Bei Darstellung der Raumkurve im kartesischen Koordinatensystem ist die Reihenentwicklung des Ortsvektors identisch mit der Reihenentwicklung der Koordinaten des Vektors. Dies gilt nicht für die Darstellung der Raumkurve in Zylinderkoordinaten.

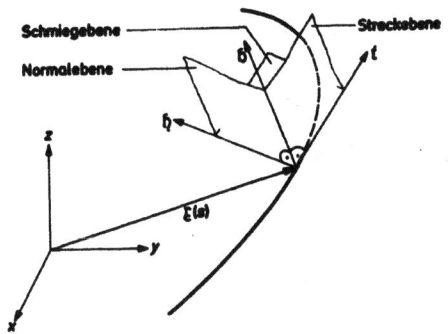

Bild 7/1: Das begleitende Dreibein der Raumkurve

Zur Reihenentwicklung der in Zylinderkoordinaten dargestellten Ortskurve wird das in Kapitel 5 eingeführte krummlinige Koordinatensystem auf dem Zylindermantel betrachtet, in dem die Ortskurve ausgedrückt wird durch:

$$\underline{\xi} = \underline{\xi}(r(s), \varphi(s), z(s)) \qquad (7-6)$$

$$\underline{\xi} = r(s)\underline{e}_1 + z(s)\underline{e}_3 \qquad (7-7)$$

$$\underline{e}_1 = \cos\varphi \underline{i} + \sin\varphi \underline{j} = \underline{\xi}_r$$
$$\underline{e}_2 = -\sin\varphi \underline{i} + \cos\varphi \underline{j} = \frac{1}{r}\underline{\xi}_\varphi$$
$$\underline{e}_3 = \underline{k}$$
$$(7-8)$$

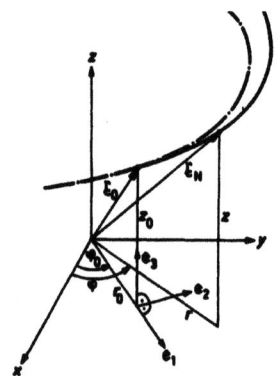

Bild 7/2: Bestimmungsstücke der Raumkurve in Zylinderkoordinaten

Die Näherungskurve bezieht sich auf ein Koordinatensystem, dessen Koordinaten die Richtungen der Einheitsvektoren $\underline{e}_1, \underline{e}_2, \underline{e}_3$ im Entwicklungspunkt haben. Die Kurve hat die Form:

$$\underline{\xi}_N = \underline{\xi}(0) + A(s_1)\underline{e}_1 + B(s_1)\underline{e}_2 + C(s_1)\underline{e}_3 \qquad (7-9)$$

Die Zylinderkoordinaten, die nach der in Kapitel 5 gewählten Bauform der Maschine, Voraussetzung für die Bildung der Zeitfunktionen sind, ergeben sich aus Gleichung 7-9 und nach Bild 7/2 in einer Form, die für die Realisierung mit

DDA- Integratoren aufwendig ist:

$$r = r_0 + \Delta r \qquad \Delta r = \sqrt{(r_0 + A)^2 + B^2} - r_0$$
$$\varphi = \varphi_0 + \Delta\varphi \qquad \Delta\varphi = \arctan \frac{B}{A + r_0}$$
$$z = z_0 + \Delta z \qquad \Delta z = C \qquad\qquad (7\text{-}10)$$

Erst nach einem zweiten Näherungsschritt liegen die Koordinaten r, φ, z als Polynome in Abhängigkeit des Bogens s vor. Um den hohen Rechenaufwand zu umgehen, wird vergleichend die Taylorsche Reihenentwicklung der einzelnen Koordinaten des Ortsvektors betrachtet.

7.2 Die Rohrfläche als Toleranzgrenze der näherungsweise dargestellten Raumkurve

Jede Approximation einer Funktion erfordert die Berechnung ihres Gültigkeitsbereiches. Bei einem konstanten Toleranzabstand zur Raumkurve in ihrer Normalebene (Bild 7/3), ist die Toleranzgrenze der Raumkurve eine Rohrfläche, die als Hüllfläche einer Kugel mit Radius a gedeutet werden kann, deren Mittelpunkt die Raumkurve durchläuft.

Sind mit $\underline{t}$ die Raumkurve, mit $\mathfrak{h}$ deren Hauptnormalenvektor und mit $\mathfrak{b}$ deren Binormalenvektor gegeben, die durch die Gleichungen 7-11 als Funktion der Raumkurve ausgedrückt werden können,

$$t = \underline{r}'(s)$$
$$\mathfrak{h} = \frac{1}{\varkappa} \underline{r}''(s) \qquad\qquad (7\text{-}11)$$
$$\mathfrak{b} = \underline{t}(s) \times \mathfrak{h}(s)$$

dann ist die Parameterdarstellung des Ortsvektors der Rohrfläche:

$$\mathfrak{z}(s,\phi) = \underline{r}(s) + \mathfrak{h}(s,\phi)$$
$$\mathfrak{z}(s,\phi) = \underline{r}(s) + a\cos\phi \cdot \mathfrak{h}(s) + a\sin\phi \cdot \mathfrak{b}(s)$$
$$= \underline{r}(s) + a\cos\phi \cdot \frac{1}{\varkappa} \underline{r}''(s) + a\sin\phi \cdot \frac{1}{\varkappa} [\underline{r}'(s) \times \underline{r}''(s)] \qquad (7\text{-}12)$$

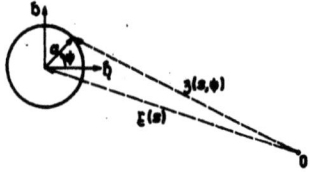

Bild 7/3: Normalschnitt durch die Rohrfläche

Der Parameter ψ verläuft in der Ebene des Normalschnittes der Rohrfläche und ist der Winkel zwischen Radiusvektor des Kreises und Hauptnormalenvektor der Raumkurve (Bild 7/3) [17, S. 113].

7.3 Berechnung der Schnittpunkte zwischen Näherungskurve und Rohrfläche

Der Gültigkeitsbereich für die Näherungskurve liegt innerhalb der Rohrfläche und wird begrenzt durch die beiden Durchstoßpunkte P_1 und P_2 (Bild 7/4).

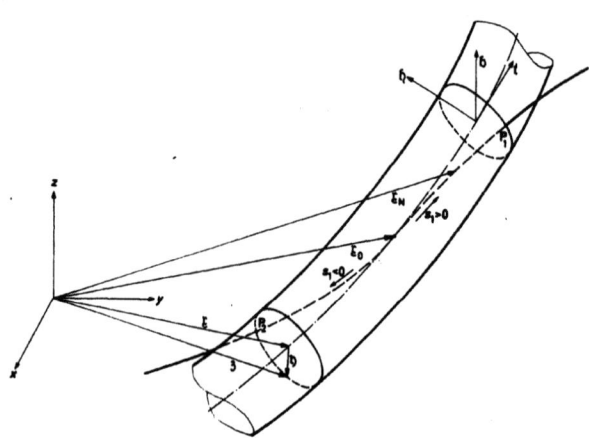

Bild 7/4: Rohrfläche als Toleranzgrenze der Näherungskurve

Von dem gesamten Bereich wird nur der Teil für positive Parameter s_1 betrachtet, da sich dieser insbesondere in fest verdrahteten Steuerungen besser berechnen läßt.

Die Schnittpunkte der Kurve mit der Rohrfläche erhält man durch das Gleichsetzen der Koordinaten der Vektoren der Rohrfläche $\mathfrak{Z}(s, \psi)$ und der Näherungskurve $\xi(s_1)$. Das Gleichungssystem zur Ermittlung der drei Unbekannten s, s_1 und ψ an der Stelle der Durchstoßpunkte besteht aus drei Gleichungen. Unabhängig von der Wahl des Koordinatensystems ist es nicht immer explizit nach den gesuchten Größen auflösbar.

7.4 Das Newtonsche Näherungsverfahren zur Wurzelverbesserung

Für das Gleichungssystem:

$$f(s_1,s,\psi) = x(s_1) - x(s,\psi) = 0$$
$$g(s_1,s,\psi) = y(s_1) - y(s,\psi) = 0$$
$$h(s_1,s,\psi) = z(s_1) - z(s,\psi) = 0 \qquad (7\text{-}13)$$

erhält man mit Hilfe des Newtonschen Wurzelverbesserungsverfahrens für mehrere Veränderliche, ausgehend von Näherungslösungen s_n, s_{1n}, ψ_n verbesserte Lösungen nach den Beziehungen [13]:

$$f(s_n,s_{1n},\psi_n) + \left.\frac{\partial f}{\partial s}\right|_{s_n} \cdot \Delta s + \left.\frac{\partial f}{\partial s_1}\right|_{s_{1n}} \cdot \Delta s_1 + \left.\frac{\partial f}{\partial \psi}\right|_{\psi_n} \cdot \Delta\psi = 0$$

$$g(s_n,s_{1n},\psi_n) + \left.\frac{\partial g}{\partial s}\right|_{s_n} \cdot \Delta s + \left.\frac{\partial g}{\partial s_1}\right|_{s_{1n}} \cdot \Delta s_1 + \left.\frac{\partial g}{\partial \psi}\right|_{\psi_n} \cdot \Delta\psi = 0$$

$$h(s_n,s_{1n},\psi_n) + \left.\frac{\partial h}{\partial s}\right|_{s_n} \cdot \Delta s + \left.\frac{\partial h}{\partial s_1}\right|_{s_{1n}} \cdot \Delta s_1 + \left.\frac{\partial h}{\partial \psi}\right|_{\psi_n} \cdot \Delta\psi = 0 \qquad (7\text{-}14)$$

Die verbesserten Parameterwerte nach dem (n + 1) - ten
Näherungsschritt sind:

$$s_{n+1} = s_n + \Delta s$$
$$s_{1\,n+1} = s_{1\,n} + \Delta s_1$$
$$\phi_{n+1} = \phi_n + \Delta \phi \qquad (7\text{-}15)$$

Das Verfahren wird abgebrochen, wenn innerhalb einer vorgegebenen Toleranz der Abstand zwischen Durchstoßpunkt durch die Rohrfläche und der exakten Raumkurve gleich dem Radius des Toleranzrohres ist.

7.5 Ermittlung der Rohwerte für das Newtonsche Verfahren

Als grobe Näherung für die Berechnung des Durchstoßpunktes kann die Stelle gewählt werden, an der der Abstand zwischen den Kurven bei gleicher Bogenlänge $s = s_1$ gerade den Radius des Toleranzrohres erreicht.

$$\left| E(s) - E_N(s_1) \right| = a \qquad (7\text{-}16)$$

Da sich diese Gleichung in den meisten Fällen ebenfalls nicht explizit nach s auflösen läßt, wird der Abstand in groben Schritten von $s = s_1 = n \cdot a$ berechnet und mit dem Toleranzradius a verglichen. Nach dem Auffinden eines ersten Rohwertes kann die Schrittweite verkleinert werden. Bei einer Abstufung der Schrittweiten mit $n = 10^3, 10^2, 10^1, \ldots$ kann bei $n = 10$ abgebrochen werden, da dann der Rohwert genügend genau vorliegt.

Zum Auffinden eines Rohwertes ϕ_0 genügt es, den Quadranten im Normalschnitt der Rohrfläche zu kennen, in dem die Näherungskurve die Rohrfläche durchstößt. Dazu werden an der Stelle $s_0 = s_{1_0}$

die Krümmung $\varkappa$ und die Windung τ der exakten Raumkurve mit der Näherungskurve verglichen. In einem η ϑ-Achsenkreuz entscheidet die Windung darüber, ob die Kurve im Bereich positiver oder negativer ϑ-Werte verläuft und die Krümmung darüber, ob die Kurve im Bereich positiver oder negativer η-Werte verläuft.

7.6 Berechnungsbeispiel und Ergebnisse

Für das Beispiel der Böschungslinie auf einem Kegel sind bei variablem Toleranzradius der Rohrfläche die Gültigkeitsbereiche der Näherungskurven für die kanonische Entwicklung der Raumkurve und für die Taylorsche Reihenentwicklung ihrer Koordinaten berechnet worden. Diesen Berechnungen liegt ein Kegel mit der Kegelneigung 1:10 und dem Grundkreisradius R=40 mm zugrunde. In den Bildern 7/5 und 7/6 ist die Länge der Näherungskurve vom Entwicklungspunkt bis zum Verlassen der Toleranzfläche über dem Steigungswinkel β der Böschungslinie mit dem Toleranzradius a als Parameter aufgetragen. In den Bildern wurde nur der erste Entwicklungsschritt an der Stelle s_0 berücksichtigt.

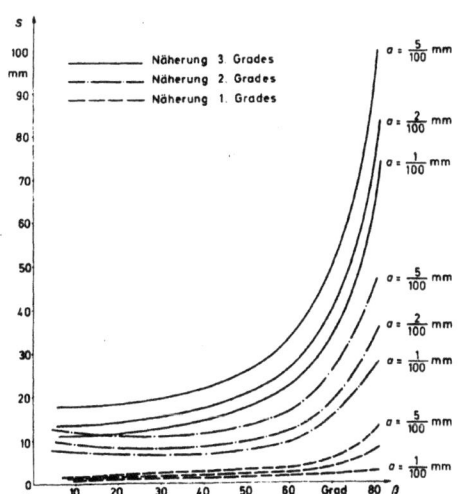

Bild 7/5: Gültigkeitsbereich der nach der kanonischen Entwicklung ermittelten Näherungskurve mit dem Toleranzradius a als Parameter

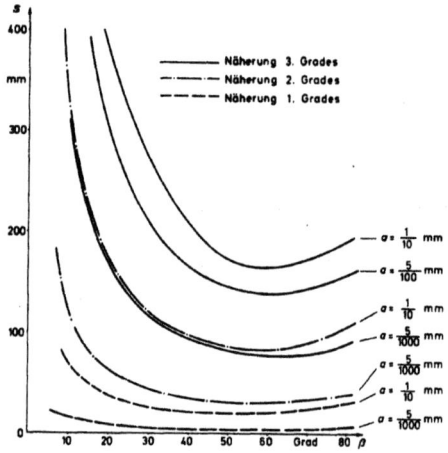

Bild 7/6: Gültigkeitsbereich der nach der Taylorschen
Reihenentwicklung ermittelten Näherungskurve
mit dem Toleranzradius a als Parameter

Der Vergleich beider Verfahren vermittelt den Eindruck
der Überlegenheit der Reihenentwicklung für die einzelnen
Koordinaten der Raumkurve. Andere Kegelgeometrien, insbesondere stark geneigte Kegel, die sich vom Sonderfall des
Zylinders weit entfernen, weisen beide Verfahren als gleichwertig aus. Die für die Reihenentwicklung der Koordinaten
günstigen Ergebnisse sind nicht zuletzt darauf zurückzuführen,
daß zwei der drei Koordinaten lineare Funktionen sind und die
Taylorsche Reihenentwicklung der logarithmischen Funktion
relativ gut konvergiert.

Ersetzt man die logarithmische Funktion durch eine lineare
Funktion, dann werden die Verhältnisse bei der Herstellung
der Drallnut auf dem Zylinder auf den Kegel übertragen.
Dieser Weg wird in der Praxis oft beschritten.

7.7 Das Konzept eines Steuerungsverfahrens

Die Reihenentwicklung liefert Näherungskurven, die den Funktionsverlauf stückweise stetig approximieren. Von den Kurvenstücken sind nach Berechnung der Parameter s_n, s_{1n}, ψ_n die Definitionsbereiche bekannt.

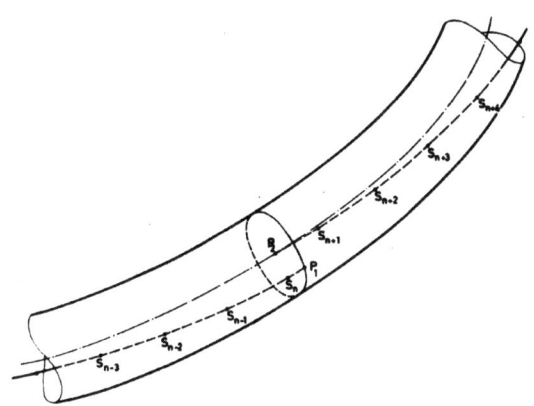

<u>Bild 7/7</u>: Verlauf der Näherungskurve innerhalb der Toleranzrohrfläche

Der sägezahnförmige Verlauf der Näherungskurve widerspricht den in Kapitel 2 aufgestellten Forderungen nach einem stetigen Funktionsverlauf. Bereits in der Sollwertvorgabe bleiben diese Unstetigkeitsstellen unbemerkt, wenn der Toleranzradius der Auflösung der Sollwerte entspricht.

Läßt die Fertigungsaufgabe größere Toleranzradien zu, dann kann mit Hilfe des Steuerungsverfahrens und der Trägheit der Antriebssysteme und der bewegten Maschinenteile eine Glättung der Kurve erzielt werden.

Nach den Ausführungen von Schmid [18], der den Lageregelkreis
als Informationskanal mit beschränkter Kapazität deutet, ist
es nach dem Shannonschen Abtasttheorem ausreichend, dem Lageregelkreis in Zeitabständen Sollwerte anzubieten, die der
doppelten Grenzfrequenz ω_{gL} des Regelkreises entsprechen.

$$\Delta t = \frac{1}{2 f_{gL}} = \frac{\pi}{\omega_{gL}} \qquad (7-17)$$

Bei einer konstanten Bahngeschwindigkeit v ist die Stützpunkt-
weite:

$$\Delta s = v \cdot \Delta t \qquad (7-18)$$

Durch die Darstellung der Raumkurve in Abhängigkeit von der
Bogenlänge entspricht die Abtastung der Kurve in festem Zeitraster einer Abtastung im Wegraster. Da bei der Herstellung
von Nuten auf Werkzeugen der Anfahr- und Bremsvorgang in die
Bereiche vor und nach dem eigentlichen Fräsvorgang gelegt
werden, können die Stützpunkte immer in konstantem Abstand
berechnet werden.

Das hieraus abzuleitende Steuerungsverfahren setzt ein Rechenwerk voraus, das Funktionswerte in Abständen der Bogenlänge s_1
ermitteln kann. Da insbesondere die Bahngeschwindigkeiten beim
Nutenfräsen mit Formfräsern relativ gering sind, können Abtast-
längen auftreten, die in der Nähe der Auflösung der Wege der
Maschinenachsen liegen. Für diese Fälle ist es zweckmäßig, die
als Polynom vorliegende Näherungskurve direkt mit DDA- Integratoren zu realisieren. Problematisch ist dabei der Übergang
zwischen zwei Näherungskurven. Diese Verbindung kann durch
Linearinterpolation hergestellt werden. Die Steuerung verlangt
zusätzlich eine Einlesevorrichtung oder eine ausreichende Zahl
frei programmierbarer Speicher, um die geometrischen Kennwerte
der Näherungskurven aufzunehmen.

Für den allgemeinen Fall großer Bogenlängen s_1 bietet sich der Prozessrechner als geeignetes Hilfsmittel zur Berechnung der Stützwerte an. Bei dieser Lösung muß festgestellt werden, ob die Arbeitsgeschwindigkeit des Prozeßrechners ausreicht, die Sollwerte aller zu steuernden Maschinenachsen innerhalb der Abtastzeit Δt zu berechnen. Nach [19] kann für die Lageregelkreise von numerisch gesteuerten Werkzeugmaschinen von Grenzfrequenzen f_{gL} zwischen 10 Hz und 20 Hz ausgegangen werden, was Abtastzeiten zwischen 0,05 s und 0,025 s bedingt. Für das Berechnungsbeispiel von Kapitel 7.6, unter Anwendung der Taylorschen Reihenentwicklung der Koordinaten der Raumkurve, ergab sich, daß bei Berücksichtigung der Näherung 3. Grades, für die Berechnung der Sollwerte der Lageregelkreise an einem Stützpunkt S 0,0022 s Rechenzeit benötigt werden. Der für die Berechnung eingesetzte Prozeßrechner AEG 60-10 der Firma AEG - Telefunken besitzt folgende Hardware - Kennzeichen:

Wortlänge 12 Bit
Zykluszeit 1,5 μs

Danach ist es auch bei einer Erweiterung des Problems auf den allgemeinen Fall einer simultanen 5-Achsenbearbeitung möglich, die Lagesollwerte aller Maschinenachsen für einen Stützpunkt S innerhalb der oben angegebenen Abtastzeit zu ermitteln.

7.8 Zusammenfassung

Das entwickelte Steuerungsverfahren geht von einer Darstellung der ins M-System transformierten Raumkurve aus, die die Bogenlänge s der Kurve als Parameter verwendet, um bei einer konstanten Bahngeschwindigkeit einen linearen Zusammenhang zwischen dem Parameter und der Verfahrzeit herzustellen. Um die Funktionen aller Maschinenachsen im Rechenwerk der Steuerung einheitlich zu behandeln, werden sie durch Polynome näherungsweise dargestellt. Hieraus können die Lagesollwerte entweder im festen Wegraster mit Hilfe des DDA- Verfahrens oder im festen Zeitraster mit Hilfe eines Prozeßrechners ermittelt werden. Das Approximationsverfahren zur Gewinnung der Polynome wird bei gegebener Toleranz nach der Größe des Gültigkeitsbereiches der Näherungsfunktion ausgewählt. Für das behandelte Fertigungsbeispiel liefert die Reihenentwicklung der Koordinaten der **Ortskurve gute Ergebnisse.**

8. Entwurf und Aufbau einer numerischen Sondersteuerung

Für die Herstellung von Drallnuten auf zylindrischen Werkstücken ist für eine Konsolfräsmaschine (Bild 8/1) im Rahmen dieser Arbeit eine numerische Sondersteuerung entwickelt und aufgebaut worden. Durch den Einsatz der numerischen Steuerung sollen die Einrichtearbeiten an der Maschine teilweise automatisiert und damit eine rationellere Werkzeugfertigung im Bereich kleiner Serien ermöglicht werden.

8.1 Aufgabenstellung und Bearbeitungsablauf

Durch die Beschränkung auf eine spezielle Raumkurve, die gemeine Schraublinie und auf die Einstellung ihrer wesentlichen Parameter, Steigung, Windungssinn und Länge, kann die Steuerungsaufgabe nach den Ausführungen von Kapitel 6 mit Hilfe von DDA- Integratoren gelöst werden. Dies bedingt den Aufbau einer festverdrahteten Steuerung, die sich im wesentlichen aus einem Rechenwerk und einem zur Festlegung des Programmablaufes benötigten Steuerwerk zusammensetzt.

Bild 8/1: Konsolfräsmaschine

Geht man von der Achskonfiguration der Maschine nach Bild 5/6 aus, so sind drei Maschinenachsen am Arbeitsvorgang beteiligt, von denen zwei, die $\underline{C}'$- und die Z_1'-Achse, nach den Ausführungen von Kapitel 5 numerisch gesteuert sein müssen. Die Y'-Achse wird nur zum Einstellen der Frästiefe auf einen konstanten Wert benötigt und kann deshalb mit einfacheren Mitteln, wie Nocken und Kopierlineal, gesteuert werden. Auf die A-Achse kann für diesen speziellen Bearbeitungsfall verzichtet werden, da hier die Einstellung des Spanwinkels durch Verlagerung des Bearbeitungspunktes aus der Drehachse von B' ohne Verfälschung der Geometrie des Schneidenverlaufs möglich ist.

Der Arbeitsablauf wird im Programm der Steuerung festgelegt und besteht aus folgenden Programmschritten: Anfahren der Position, von der die Fräsbearbeitung gestartet wird, wobei die beiden numerisch gesteuerten Achsen im Eilgang verfahren, Fräsen der Nut in einem Schnitt, Eilrücklauf auf den Ausgangspunkt der Bearbeitung und Anfahren des Anfangspunktes der Bearbeitung für die folgende Nut. Wegen der inkrementalen Erfassung der Positionen der numerisch gesteuerten Achsen sind dem Arbeitsablauf zwei Programmschritte vorangestellt, die nur nach dem Einschalten der Anlage durchlaufen werden. Der erste Programmschritt dient der Aufnahme der Null- bzw. Bezugspositionen der Steuerung. Im zweiten Programmschritt werden diese Nullpunkte nochmals angefahren, wobei einzelne Baugruppen der Steuerung auf das eigentliche Programm vorbereitet werden.

Neben der Betriebsart "Automatik NC", in der die vollständige Bearbeitung in der angedeuteten Reihenfolge abläuft, sind die Betriebsarten "Einzelsatz", "Einzeloperation" und die konventionelle Bedienung der Maschine vorgesehen. Die Betriebsart Einzelsatz benötigt nach jeder Operation ein Startsignal. Die Betriebsart Einzeloperation gestattet es, alle Programmschritte unabhängig voneinander und in beliebig gewählter Reihenfolge aufzurufen. Hierbei können die Parameter der Bearbeitung eingestellt und überprüft werden.

Die Ausführung einer solchen Anlage als Sondersteuerung gestattet es, wenngleich auch auf Kosten des Aufwandes, alle Steuerungsparameter in der Form einzugeben, wie sie sinnfällig sind und dem Bedienenden geeignet erscheinen. Dies ist insbesondere auch für die Anzeige zweckmäßig. Entsprechend der hier gewählten Auflösung des Weges von 1/100 mm und einer Umdrehung von 0,05°, die für die Herstellung von Werkzeugen ausreichend ist, erfolgt die Anzeige in Millimeter bzw. Grad, wobei jeweils die ersten zwei Stellen hinter dem Komma berücksichtigt werden. Die Steigung der Drallnut wird in Millimeter pro Umdrehung eingegeben. Es werden 10000 Werte in der Eingabefeinheit von 0,5 mm unterschieden. Die Nutenzahl kann direkt programmiert werden. Hierfür sind bis 99 Nuten vorgesehen, die sicher vorerst ausreichen.

Aufstellung der Betriebsarten und Programmschritte:

Programmschritte	Betriebsarten
Aufnahme der Nullpunkte (AFNP)	Automatik NC (ANC)
Anfahren der Nullpunkte (ANNP)	Einzelsatz (ENZS)
Anfahren der Vorwahlpunkte (ANVWP)	Einzeloperation (ENZO)
DDA (DDA)	Handbetrieb (HND)
Eilrücklauf (ELR)	
Teilen (TLN)	
Ende der Bearbeitung (END)	

8.2 Ermittlung der Steuergleichungen der numerisch gesteuerten Achsen

Alle in Kapitel 4 betrachteten Möglichkeiten zur Definition der Drallnut führen auf dem Zylinder zu identischen Raumkurven. Aufgrund der gewählten Parametereingabe stellt die Definition 3: $\frac{dz}{d\varphi}$ = const. eine zweckmäßige Form der Darstellung der Raumkurve dar. Die Beziehungen

$$\frac{dz}{d\varphi} = \frac{h}{2\pi} \quad , \quad r = r(z) = R \; , \quad \frac{dr}{dz} = 0 \qquad (8\text{--}1)$$

liefern unter Berücksichtigung von Gleichung 4-6

$$\frac{d\varphi}{2\pi} = \frac{1}{\sqrt{h^2+(2\pi R)^2}} ds \qquad (8-2)$$

$$dz = \frac{h}{\sqrt{h^2+(2\pi R)^2}} ds \; . \qquad (8-3)$$

Durch Differentiation der obigen Beziehungen nach der Zeit und Einführen der Bezugsgröße T_0, der Bearbeitungsdauer für eine Umdrehung, folgt:

$$\frac{d\varphi}{2\pi} = \frac{dt}{T_0} \qquad (8-4)$$

$$dz = h \cdot \frac{dt}{T_0} \qquad (8-5)$$

$$T_0 = \frac{\sqrt{h^2+(2\pi R)^2}}{v} \quad , \quad d\tau = \frac{dt}{T_0} \qquad (8-6)$$

Die für das W-System geltenden Gleichungen 8-4 und 8-5 bleiben nach der Transformation ins M-System unverändert.

$$dz'_{M1} = - h \cdot d\tau \qquad (8-7)$$

$$dc'_M = 2\pi \cdot d\tau \qquad (8-8)$$

Die linearen Zusammenhänge, die durch die Gleichungen 8-7 und 8-8 ausgedrückt werden, lassen sich nach den Ausführungen von Kapitel 6 relativ einfach durch DDA-Integratoren realisieren. Die Bestimmung der Umrechnungsfaktoren und der Registerlänge, die zur Dimensionierung der Integratoren benötigt werden, erfolgt nach den Gleichungen 6-18 ff.

Bei einer erwünschten Auflösung der Sollwertvorgabe der linearen Achse von $\Delta z'_{M1} = 0{,}01$ mm, einer maximalen Steigung von h = 5000 mm, einer minimalen Steigung von h = 0,5 mm und bei einer dezimalen Organisation des Rechenwerkes ergeben sich folgende Umrechnungsfaktoren für einen Integrator nach Gleichung 8-7:

$$k_h = \frac{1}{|h_{p\,max}|} = \frac{1}{5000} \cdot \frac{1}{mm}, \quad k_{dz} = \frac{1}{|z_{p\,min}|} = \frac{1}{0{,}01} \cdot \frac{1}{mm},$$

$$k_{d\tau} = \frac{k_{dz}}{k_h} = 0{,}5 \cdot 10^6, \quad k_{dh} = \frac{1}{|h_{p\,min}|} = \frac{1}{0{,}5} \cdot \frac{1}{mm}$$

$$n = \lg \frac{k_{dh}}{k_h} = 4.$$

Die hieraus abgeleiteten Rechenwerte sind:

$$h_r = k_h \cdot h_p = 2 \cdot 10^{-4} \frac{1}{mm} \cdot h_p \quad * \qquad (8\text{-}9)$$

$$d\tau_r = k_{d\tau} \cdot d\tau_p = 0{,}5 \cdot 10^6 \cdot d\tau_p \qquad (8\text{-}10)$$

Bei Problemwerten $h_p = 0{,}5$ mm ... $h_p = 5000$ mm durchläuft h_r die Werte $\frac{1}{10000}$ ... $\frac{q}{10000}$ ... $\frac{10000}{10000}$. Danach ist 10000 der Bezugswert dieses Integrators; q ist die Steigungskennzahl.

Die Umrechnungsfaktoren für den Integrator der rotatorischen Achse folgen unter Berücksichtigung der Auflösung dieser Achse von $0{,}05°$ zu:

$$k_{dc} = \frac{1}{|c_{p\,min}|} = \frac{7200}{2\pi}.$$

$k_{d\tau}$ und n werden gleich den entsprechenden Werten des Integrators der linearen Achse gewählt. Der Umrechnungsfaktor

---
* r: Rechenwerte
   p: Problemwerte

der Konstanten 2π in Gleichung 8-8 folgt:

$$k_{2\pi} = \frac{k_{dc}}{k_{d\tau}} = \frac{1}{2\pi} \cdot \frac{144}{10000} .$$

Der sich hieraus ergebende Rechenwert ist:

$$(2\pi)_r = k_{2\pi} \cdot 2\pi = \frac{144}{10000} . \quad *$$

Aus Gleichung 8-10 folgt unmittelbar die Rechentaktfrequenz, mit der die Integratoren gespeist werden, wenn das Inkrement $\Delta\tau_r = 1$ gesetzt wird.

$$f = \frac{1}{\Delta t} , \quad f = \frac{1}{\Delta\tau_p \cdot T_0}$$

Mit $\frac{d\frac{\varphi}{2\pi}}{dt} = n_c$ und Gleichung 8-4 folgt für die Rechentaktfrequenz:

$$f = \frac{1}{2} \cdot 10^6 \cdot n_c \qquad (8-11)$$

Bei einer maximalen Drehzahl von $n_{c\,max} = 24 \frac{1}{min}$ ergibt sich eine maximale Taktfrequenz von 200 kHz.

Die Einführung der Steigung h als Parameter der Raumkurve hat zu zwei unsymmetrisch aufgebauten Rechenvorschriften geführt. Bei Verwirklichung der Gleichungen 8-7 und 8-8 durch DDA-Integratoren (Bild 8/2) steht die Inkrementausgabe in der rotatorischen Achse immer im gleichen Verhältnis zur Impulsausgabe des Frequenzgenerators. Die Steigung hat nur Einfluß auf die Sollwertbildung der linearen Achse.

---

* $(2\pi)_r$: Rechenwert der Konstanten 2π

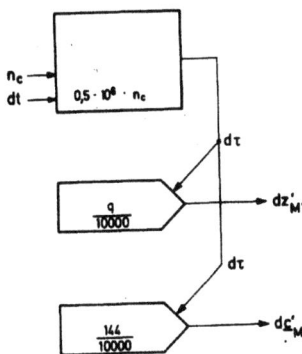

Bild 8/2: Integratorschaltung der gemeinen Schraublinie

8.3 Meßsysteme und Antriebe

Mit Rücksicht auf eine wirtschaftliche Lösung wurden als Wegmeßsysteme inkrementale Drehgeber vorgesehen. Die geforderte Auflösung und die konstruktiven Verhältnisse der Maschine bestimmen die Auslegung der Meßsysteme.

Bei der Festlegung der Leerlaufdrehzahl der Antriebsmotoren wurden drei Gesichtspunkte berücksichtigt. Um keine zu großen Getriebeuntersetzungen zu erhalten, sind niedrige Nenndrehzahlen anzustreben. Der Preis für die hier eingesetzten Gleichstromnebenschlußmaschinen ist jedoch abhängig von der Polpaarzahl des Motors. Als Antriebsverstärker sind Transistorgleichspannungsverstärker vorgesehen. Mit Rücksicht auf die Sperrspannungen der in den Verstärkern eingesetzten Leistungstransistoren kommen nur Motoren mit kleinen Nennspannungen in Betracht. Der hier gewählte Motor hat eine Leerlaufdrehzahl $n_o = 1000 \frac{1}{min}$ bei einer Ankerspannung von 63 V (Bild 8/3).

- 96 -

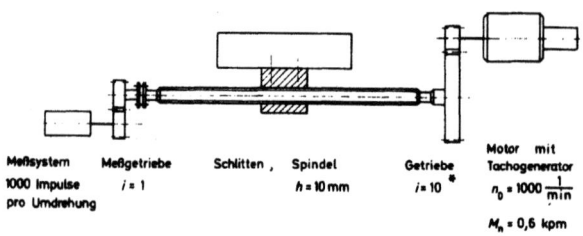

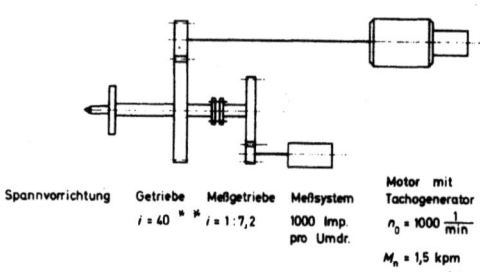

<u>Bild 8/3</u>: Auslegung der Vorschubeinheiten der linearen und rotatorischen Achse

Die unter den gegebenen Randbedingungen vorliegenden Geschwindigkeitsverhältnisse in den Koordinatenachsen können für die verschiedenen Steigungen und Werkstückdurchmesser in Diagrammen nach Bild 8/4 aufgetragen werden. Die Kurven gleicher Bahngeschwindigkeit sind bei Verwendung eines linearen Maßstabes in Abszisse und Ordinate Ellipsen, die durch die Gleichung 8-12 beschrieben werden.

$$v^2 = v_z^2 + (2\pi R\, n_c)^2 \qquad (8\text{-}12)$$

---

* Das Getriebe wurde zweistufig ausgeführt.
** Das Getriebe wurde dreistufig ausgeführt.

Das Diagramm stellt bei Verwendung eines logarithmischen Maßstabes Kurvenscharen für verschiedene Parameter R der Gleichung 8-12 bei einer Bahngeschwindigkeit von $v = 24 \frac{mm}{min}$ dar. Zusätzlich wird angegeben, welche Steigungen h bei den betrachteten Drehzahl- und Geschwindigkeitsbereichen möglich sind.

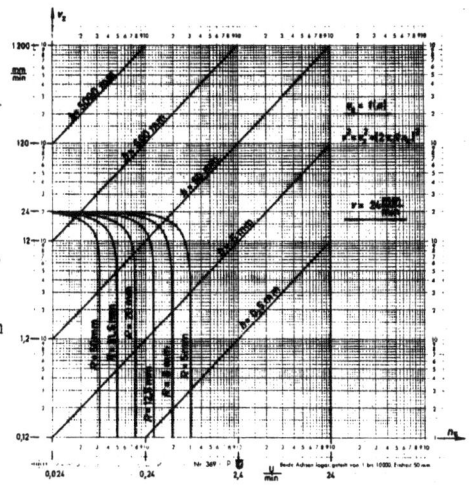

Bild 8/4: Geschwindigkeits-Drehzahl-Diagramm

8.4 Die steuerungstechnische Aufgabe und die Wahl des Codes für das Rechenwerk

Die mathematischen Operationen, die das Rechenwerk zu leisten hat, werden bestimmt durch die vom Prozess vorgeschriebenen Steuerungsaufgaben. Nach den Ausführungen von Kapitel 6 liefert das DDA-Verfahren zur Ermittlung des Integralwertes einer konstanten Funktion eine geeignete Rechenvorschrift. Das Verfahren setzt ein Rechenwerk voraus, in dem der laufende Funktionswert als Übertrag einer Mehrfachaddition entsteht.

Eine Alternative hierzu ist das in amerikanischen Steuerungen häufig eingesetzte PRM[+]-Verfahren, das durch voreinstellbare Zähler eine Frequenzteilung erzielt, jedoch aufwendiger ist und den Integralwert weniger genau annähert [20]. Zudem würde es das auf ein Rechenwerk ausgerichtete Prinzip dieser Steuerung in Frage stellen.

+ PRM = Pulse Rate Multiplier

Liegen die Positionen der Maschinenachsen in Form absoluter
Werte vor, so lassen sich die Lagesollwerte bei den Operationen
Anfahren der Nullpunkte (ANNP), Anfahren der Vorwahlpunkte
(ANVWP) und Eilrücklauf (ELR) durch Subtraktion ermitteln.
Im Programmschritt Teilen (TLN) wird abhängig von der Nutenzahl der Winkel zwischen zwei Nuten berechnet. Diese Division
der Inkremente einer Umdrehung durch die Zahl der Nuten kann
ebenfalls auf eine Mehrfachaddition zurückgeführt werden.
Damit werden zur Durchführung aller Programmschritte nur
Additions- und Subtraktionsoperationen benötigt.

Die Wahl des zur Darstellung der Zahlen verwendeten Codes
wird hauptsächlich von praktischen Gesichtspunkten bestimmt.
Geht man davon aus, daß alle Eingaben und Anzeigen im Dezimalsystem erfolgen müssen, weil sie vom Bedienungsmann an der
Maschine eingestellt bzw. abgelesen werden, dann scheint es
mit Rücksicht auf den Schaltungsaufwand zweckmäßig zu sein,
das Rechenwerk ebenfalls dekadisch zu organisieren.

Im Vergleich zur rein dualen Zahlendarstellung ist jeder
dekadische Code jedoch redundant. Der Mehraufwand an Binärstellen für eine Dekade beträgt lb 16 - lb 10 = 0,678,
wobei lb der Zweierlogarithmus ist.

Die Rechenvorschriften zur Bildung von Summe und Differenz
sind für Dualzahlen wesentlich einfacher als für jedes dekadische Zahlensystem. Die Summe zweier Zahlen wird durch
stellenweise Addition unter Berücksichtigung des Übertrags
gebildet. Für die Subtraktion wird das Komplement des
Subtrahenden benötigt. Nach der Addition des Minuenden
und des Komplements des Subtrahenden wird abhängig vom Erscheinen oder Nichterscheinen eines Übertrags in der Vorzeichenstelle ein zweiter Rechenschritt zur Addition einer
Eins benötigt oder das Komplement des Ergebnisses gebildet.

Diesen Vorteilen muß der Aufwand für die Decodierung von
Dezimalzahlen in Dualzahlen und von Dualzahlen in Dezimal-

zahlen für die Ein- und Ausgabe gegenübergestellt werden.
Nach den Schaltungsvorschlägen von P.Kintner [21] muß für
diese Aufgaben ein Mehrfaches an Volladdiererbausteinen auf-
gebracht werden, als man für das Rechenwerk selbst benötigt.
Allein die Umwandlung einer fünfstelligen Dezimalzahl in die
entsprechende Dualzahl erfordert bei Verwendung von 4-Bit-
Volladdiererbausteinen 21 Elemente. Diese Zahl kann selbst
bei optimaler Auslegung der Schaltung nur unwesentlich redu-
ziert werden.

Gegen die Verwendung der dualen Codierung in einer Sondersteuerung spricht auch die unbequeme Umrechnung in Dezimalzahlen in Test- und Servicefällen. Die Arbeitsgeschwindigkeit
des Rechenwerkes kann in diesem Beispiel unberücksichtigt
bleiben, da die nach Gleichung 8-11 berechnete Taktfrequenz
noch keinen Einfluß auf die Wahl der Codierung hat. Ein weiterer Grund für die Wahl eines dekadischen Codes war die
Verfügbarkeit von Eingabeelementen, die die Dezimalzahl
bereits verschlüsselt verneint und bejaht am Ausgang an-
bieten.
Von den dekadischen Codes besitzen die symmetrisch aufgebauten geeignete Recheneigenschaften, da sie die Bildung
des Komplementes durch die logische Negation jeder einzelnen
Binärstelle gestatten. Rechen- und schaltungstechnische Eigenschaften sowie die Verfügbarkeit von Eingabeeinheiten haben die
Wahl zugunsten des Exzeß - 3 - Codes entschieden.

Die Zuordnung der zehn interessierenden Binärkombinationen
zu den Dezimalzahlen Null bis Neun kann untenstehender Tabelle
entnommen werden (Bild 8/5). Der Code gestattet die für diese
Aufgabe benötigten Rechenoperationen mit vertretbarem Aufwand
durchzuführen. Die Addition zweier Codewörter geschieht
stellenweise. Solange kein Übertrag zur nächsten Dekade entsteht, muß das Ergebnis um die Binärkombination 00LL ver-
mindert werden. Bei eintreffendem Übertrag ist zum Ergebnis
dieselbe Kombination zu addieren. Wie bei der rein dualen

Verschlüsselung wird die Subtraktion auch beim Exzeß - 3 - Code auf die Addition des Minuenden und des Komplements des Subtrahenden zurückgeführt. Der Übertrag ist das Steuersignal für den zweiten Additionsschritt bzw. für die Komplementbildung des Zwischenergebnisses [22].

	A_4	A_3	A_2	A_1
0	O	O	L	L
1	O	L	O	O
2	O	L	O	L
3	O	L	L	O
4	O	L	L	L
5	L	O	O	O
6	L	O	O	L
7	L	O	L	O
8	L	O	L	L
9	L	L	O	O

<u>Bild 8/5:</u> Exzeß - 3 - Code

8.5 Die Struktur des Rechenwerkes für die Mehrfach-Addition und Subtraktion

8.5.1 Das Rechenwerk für das DDA-Verfahren

Die schaltungstechnische Realisierung der Gleichung 8-7 nach dem DDA-Verfahren verlangt ein Rechenwerk mit vier Dekaden, das die Mehrfachaddition einer beliebig einstellbaren Zahl zwischen 0 und 9999 beherrscht. Die Rechenvorschrift für eine Dekade im Exzeß - 3 - Code macht in einem ersten Rechenschritt die stellenweise Addition zweier Codewörter unter Berücksichtigung eines Übertrages aus der davorliegenden Stufe erforderlich. Dies kann mit einem 4-Bit-Volladdierer in einem Rechenbaustein realisiert werden. Erscheint kein Dezimalübertrag, dann muß vom Ergebnis die duale

Drei abgezogen werden, da beide Zahlen um diesen Betrag gegenüber der Dezimalzahl in der Codetabelle verschoben sind und die Verschiebung im Ergebnis nur einmal benötigt wird. Die Korrektur des Ergebnisses ist einfacher zu realisieren, wenn die duale 13 ohne Berücksichtigung eines Übertrages addiert wird. Bei Erscheinen des Dezimalübertrages nach dem ersten Additionsschritt wird die duale Drei zum Ergebnis addiert. Für die Korrekturrechnung wird ein zweiter Volladdiererbaustein für vier Binärstellen benötigt. Den Aufbau des Addierwerkes für eine Dekade zeigt Bild 8/6. Der logische Gehalt der Addierbausteine für eine Binärstelle ist angegeben.

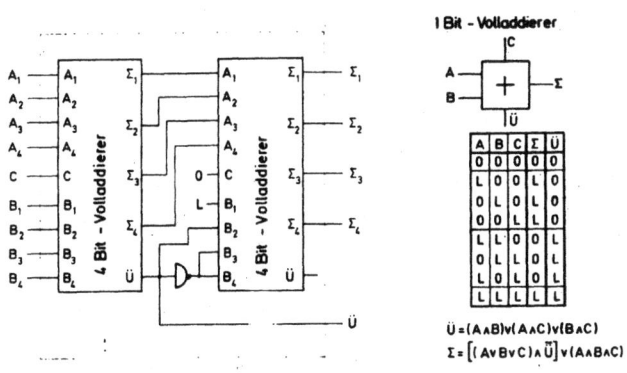

Bild 8/6: Addierwerk für eine Dekade im Exzeß - 3 - Code

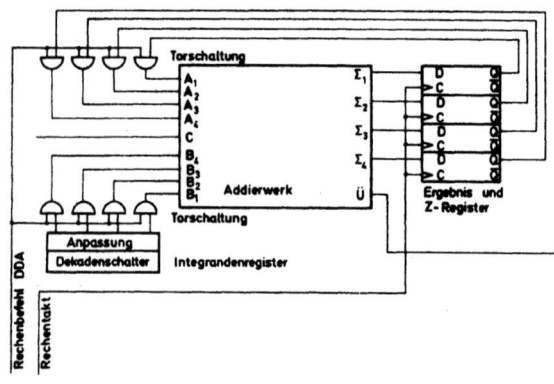

Bild 8/7: Dekade des Rechenwerkes für die Mehrfachaddition nach dem DDA- Verfahren

Das Verfahren schreibt vor, daß der extern an einem Dekadenschalter eingestellte Steigungswert solange aufaddiert wird bis ein Übertrag in der höchsten Dekade erscheint, der dann als Steuersignal des Lageregelkreises verwendet wird. Die im Blockschaltbild von Bild 6/2 angedeutete Schaltung wird für dieses Beispiel dahingehend modifiziert, daß das y- Register identisch ist mit dem Dekadenschalter und das z- und das Ergebnisregister zu einem Register zusammengefaßt werden. Ein Steuersignal überwacht die Abfrage der Register und das Taktsignal bestimmt die Rechengeschwindigkeit. Bild 8/7 zeigt die Schaltung für eine Dekade. Die als z- und Ergebnisregister verwendeten Speicherelemente müssen taktflankengesteuerte Kippstufen sein, um keine Verfälschung des Rechenergebnisses zu erhalten, da die Information am Ausgang dieser Speicherbausteine gleichzeitig Eingangsinformation für den Rechenprozeß ist.

Vier Stufen des Rechenwerkes nach Bild 8/7 werden benötigt, um die Mehrfachaddition zur Berechnung der Steigungsinkremente für die Z'_{M1}-Achse (Bild 8/8) durchzuführen. Hinzu kommen

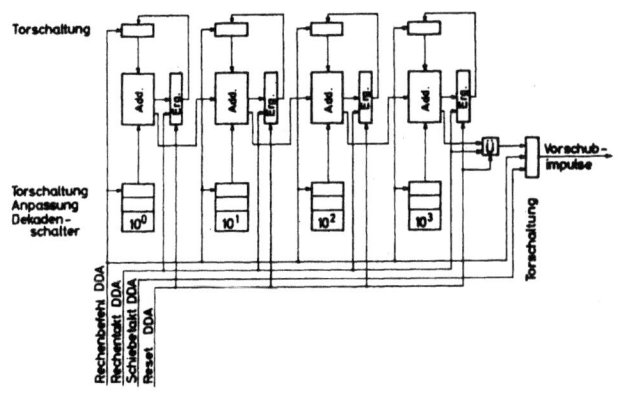

Bild 8/8: Rechenwerk zur Bildung der Vorschubimpulse einer Achse

die Steuersignale, die die Register dieses auch für andere Operationen verwendeten Rechenwerkes freigeben. Im einzelnen werden neben dem Rechentakt und dem "Rechenbefehl DDA", ein Löschsignal "Reset DDA" benötigt. Der in einem Übertragsspeicher abgelegte Gesamtübertrag wird über eine Torschaltung als Sollwertimpuls ausgegeben. Wie die Register, so wird auch das Tor durch Steuersignale freigegeben. Um Impulse definierter Länge zu erhalten, wird das Tor für die Ausgabe der Vorschubimpulse mit einem im Anschluß an den Rechentakt ausgelösten Schiebetakt getriggert.

Wie bereits angedeutet, führt eine direkt sinnfällige Eingabe der Daten zu zusätzlichem Rechenaufwand. Die Steigungswerte werden in Schritten von 0,5 mm eingegeben; der Wertebereich ist durch vier Dekaden darstellbar. Um keine Übertragsermittlung bei 5000 mm durchführen zu müssen, wird eine Umrechnung des eingestellten Steigungswertes in eine vierstellige Zahl vor dem Start der Mehrfachaddition durchgeführt. Dazu wird der Steigungswert vor dem Komma verdoppelt und das Erscheinen einer Fünf nach dem Komma durch Hinzuzählen einer Eins vor dem Komma berücksichtigt.

Das Vorhandensein eines Rechenwerkes erleichtert die Entscheidung über die Ausführung der Schaltung zur Gewinnung der Steuersignale der rotatorischen Achse. Die Impulsfrequenz steht nach Gleichung 8-8 immer in demselben Verhältnis zur Taktfrequenz des Frequenzgenerators. Die Verwendung des obigen Rechenwerkes mit der fest eingestellten Bezugszahl 0144 im y-Register stellt eine aufwandsarme Lösung des Problems dar. Die praktische Ausführung sieht für die Informationseingabe lediglich Torschaltungen mit definierten Eingängen vor. Zur Verarbeitung der Information muß nun jedoch das in Bild 8/7 gewählte Prinzip der Zusammenfassung von z- und Ergebnisregister aufgegeben werden, da dieses Register doppelt verwendet wird. Im Hinblick auf weitere im Rechenwerk zu verrichtende Aufgaben ist eine Trennung der beiden Register angebracht.

Jeder Achse wird ein eigenes z- Register zugeordnet; das Ergebnisregister wird gemeinsam verwendet. Die Speicherbausteine dieser Register können statisch arbeitende bistabile Kippstufen sein. Der Informationstransport vom Ergebnisregister ins z-Register wird durch den bereits eingeführten Schiebetakt ausgelöst.

8.5.2 Das Rechenwerk für die Subtraktionsoperation

Das Anfahren von Bearbeitungspositionen geschieht im Eilgang. Hierzu interessieren der Betrag der Differenz von Soll- und Istwert und die Verfahrrichtung. Diese ergibt sich eindeutig aus dem Vorzeichen der Differenz, wenn der Sollwert stets Minuend und der Istwert stets Subtrahend ist. Dazu wird nach der Rechenvorschrift für die Subtraktion das Komplement des Istwertes benötigt. Es wird zunächst vorausgesetzt, daß zur Erfassung des Istwertes ein Register zur Verfügung stehe. Das Komplement kann an den negierten Ausgängen seiner Speicherelemente abgefragt werden. Nach der Addition von Sollwert und Komplement des Istwertes wird abhängig vom Erscheinen eines Übertrags in der Vorzeichenstelle das Ergebnis gewertet. Kein Übertrag im Vorzeichen bedeutet, daß das Ergebnis negativ ist und komplementiert werden muß. Das Erscheinen eines Übertrags weist auf ein positives Ergebnis hin. Dieser Übertrag muß in der Dekade niederster Ordnung durch Addition einer Eins berücksichtigt werden.

Beispiel:

Sollwert	x_s	11	O L O O	O L O O
Istwert	x_i	99	L L O O	L L O O
9-er Komplement des Istwertes	$\bar{x}_i$	00	O O L L	O O L L
$x_s + \bar{x}_i$ Übertrag ?		11	O O L L L	O L L L
Additionskorrektur			L L O L	L L O L
			O L O O	O L O O
Komplement ?.		88	L O L L	L O L L
Ergebnis		- 88	- L O L L	L O L L

Den Rechenvorschriften entsprechend wird das Addierwerk nach Bild 8/6 ergänzt (Bild 8/9).

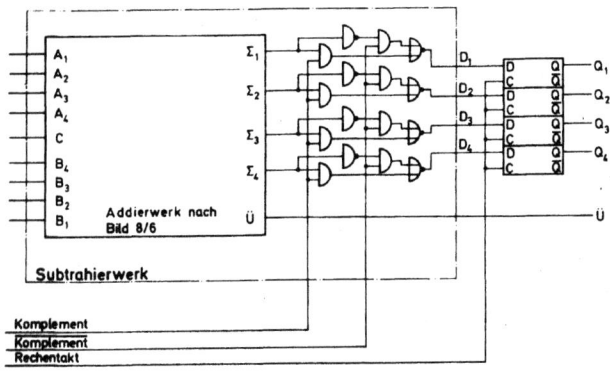

Bild 8/9: Subtrahierwerk für eine Dekade im Exzeß - 3 - Code

Die Erkennung des Vorzeichens in einer Vorzeichenstelle kann
hier, da immer eine positive und eine negative Zahl addiert
werden, auf die Erkennung des Übertrags beschränkt bleiben und
damit kann auf die Einführung einer speziellen Vorzeichenstelle
verzichtet werden. Die Steuerbefehle werden nach der Schaltung
von Bild 8/10 erzeugt. Im Vorzeichenspeicher ist die Verfahrrichtung während der gesamten Verfahrzeit abgelegt.

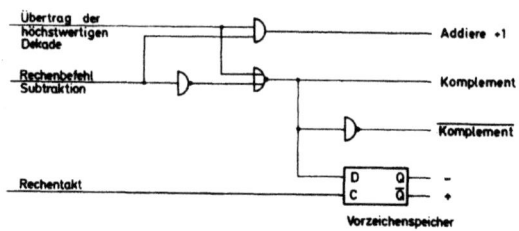

Bild 8/10: Bildung der Steuersignale für die Subtraktion

Die Anzeige und damit auch die Istwerterfassung der rotatorischen Achse erfolgt in fünf Dekaden (zum Beispiel 359,95°).
Zur Erfassung der Impulszahl einer Umdrehung reichen jedoch
vier Dekaden aus. Der eigentlichen Differenzbildung ist somit auch hier, wie bei der Ermittlung des Steigungskennwertes,
eine Umrechnung vorgeschaltet.

Aus den Einzeloperationen ergeben sich die Subtraktionsaufgaben, für die ein gemeinsam verwendetes Istwertregister und
verschiedene Positionsregister benötigt werden. In das Istwertregister wird der aktuelle Istwert aus dem hierfür vorgesehenen
Zähler nur dann übernommen, wenn kein Zählimpuls in den Istwertzähler einläuft. Diese Übernahmesperre verhindert, daß bei einer
Änderung des Zählerstandes, von der mehrere Speicherelemente des
Zählers gleichzeitig betroffen sein können, falsche Informationen
übernommen werden.

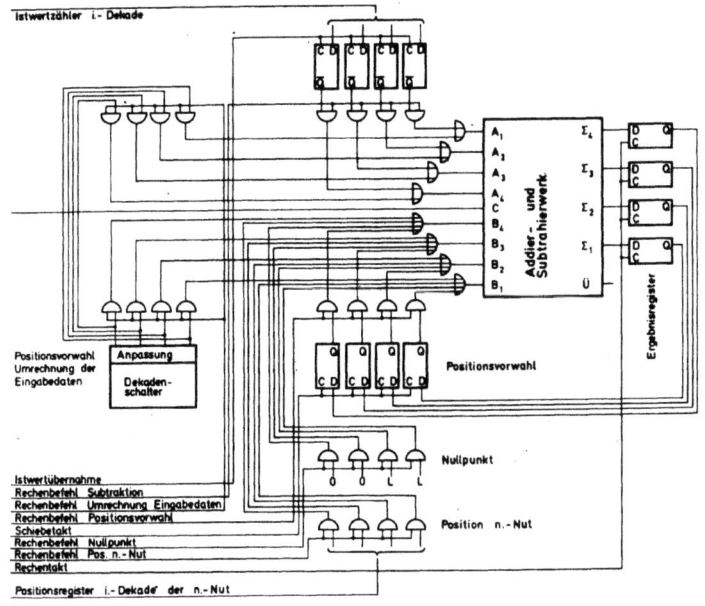

Bild 8/11: Dekade des Rechenwerkes für Additions- und Subtraktionsoperationen

In Bild 8/11 ist das Rechenwerk einer Dekade für die einzelnen Subtraktionsaufgaben, die die rotatorische Achse betreffen, zusammengefaßt dargestellt. Im einzelnen sind dies das Anfahren des Nullpunktes, der vorwählbaren Position der ersten Nut und das Wiederanfahren der n-ten Nut als Ausgangspunkt zum Berechnen der Position der (n + 1)-ten Nut.

Der durch die Subtraktion gewonnene Abstand zwischen Soll- und Istwert wird vom Ergebnisregister in ein im Bild 8/11 nicht dargestelltes Differenzregister geschoben und mit einer Taktfrequenz, die der Eilgangbewegung entspricht, leergezählt. Das entsprechende Register der linearen Achse dient auch als Fräslängenregister, da Vorschub- und Eilgangbewegung nie gleichzeitig auftreten. Die ausgegebenen Vorschubimpulse zählen den Inhalt der Register leer, woraus das Ende der Bewegung abgeleitet wird. Vergleiche hierzu auch Bild 8/13.

8.5.3 Das Rechenwerk für die Teilungsoperation

Die Teilungsoperation betrifft nur die rotatorische Achse. Der Rechenvorgang, die 7200 Impulse einer Umdrehung durch eine beliebige Zahl zu teilen, wird mit Mehrfachadditionsschritten durchgeführt. Es wird die eingestellte Nutenzahl solange aufaddiert, bis das Ergebnis gleich oder größer 7200 ist. Mit jedem Additionsschritt ist die Ausgabe eines Steuerimpulses verbunden. Um den mittleren Teilungsfehler klein zu halten, wird bei der n-ten Teilungsoperation von der davorliegenden der Wert, der größer als 7200 war, berücksichtigt. Damit ist sichergestellt, daß die Startposition jeder Nut prinzipiell nur um ein Inkrement verfälscht sein kann und der Fehler sich über den gesamten Umfang nicht summiert.

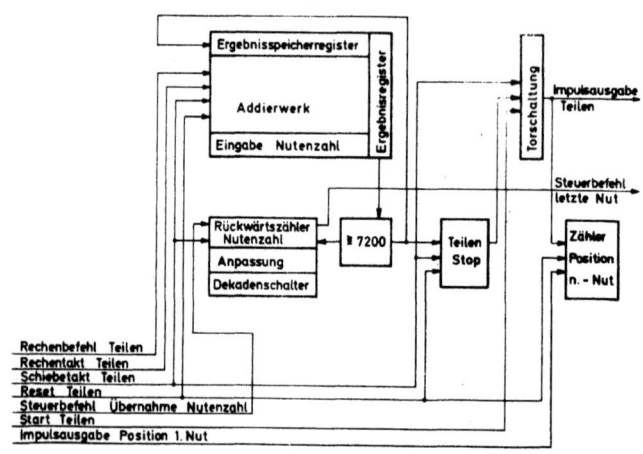

Bild 8/12: Blockschaltbild der Teilungsoperation

Die Operation stellt ähnliche Anforderungen an das Rechenwerk wie das DDA-Verfahren. Es sind zusätzlich vorzusehen: eine Logik zur Erkennung jeder Zahl, die gleich oder größer als 7200 wird und ein Zähler zur Registrierung des aktuellen Nutenstandes. Der Zähler ist rückwärtszählend organisiert und gibt das Steuersignal ab, das das Schneiden der letzten Nut anzeigt. Das Ergebnisspeicherregister entspricht dem z-Register im DDA-Rechenwerk. In ihm wird außerdem der Wert über 7200 bis zum nächsten Rechenvorgang abgespeichert. Wegen der maximalen Nutenzahl von 99 kann dieser Wert prinzipiell nie größer als 98 werden. Nach Erreichen der Zahl 7200 im Additionsvorgang können deshalb die beiden höchstwertigen Dekaden auf Null gesetzt werden; die beiden anderen behalten ihren aktuellen Wert bei.

Das bereits in Kapitel 8.5.2 eingeführte Register für die Abspeicherung der Position der n.-Nut ist in das Blockschaltbild 8/12 für die Teilungsoperation aufgenommen. Hier werden alle Impulse aufgezählt, die beim Anfahren der Startpositionen der einzelnen Nuten an die Achse ausgegeben werden, einschließlich der Impulszahl für das Anfahren der ersten Nut. Die Stellenzahl dieses Registers und damit auch die Stellenzahl des Rechenwerkes der rotatorischen Achse hängt von dem größten Wert des Vorwahlpunktes und der Nutenzahl ab. Ist jeder Vorwahlpunkt zugelassen, dann muß dieses Register nahezu zweimal die Impulszahl einer Umdrehung aufnehmen können. Dies erfordert die Einführung einer fünften Dezimalstelle im Positionsregister und im Rechenwerk.

8.6 Die Struktur der Steuerung

Die einzelnen Rechenoperationen haben die Struktur und die Größe des Rechenwerkes festgelegt. Die Aufgabenstellung erlaubt es, alle Operationen in einem Rechenwerk durchzuführen. Die Information steht am Ende des Rechentaktes im gemeinsam verwendeten Ergebnisregister und gelangt von dort abhängig von der Aufgabenstellung in die entsprechenden Register oder Zähler.

Der hierfür zusätzlich eingeführte Schiebetakt senkt die maximal erreichbare Rechengeschwindigkeit geringfügig.

Die in Bild 8/13 dargestellten Baugruppen der Steuerung werden in ihrer prinzipiellen Wirkungsweise in den folgenden Abschnitten behandelt. Mit Rücksicht auf eine übersichtliche Darstellung sind nur der Datenfluß und die wesentlichen Steuersignale zwischen den einzelnen Geräten angegeben.

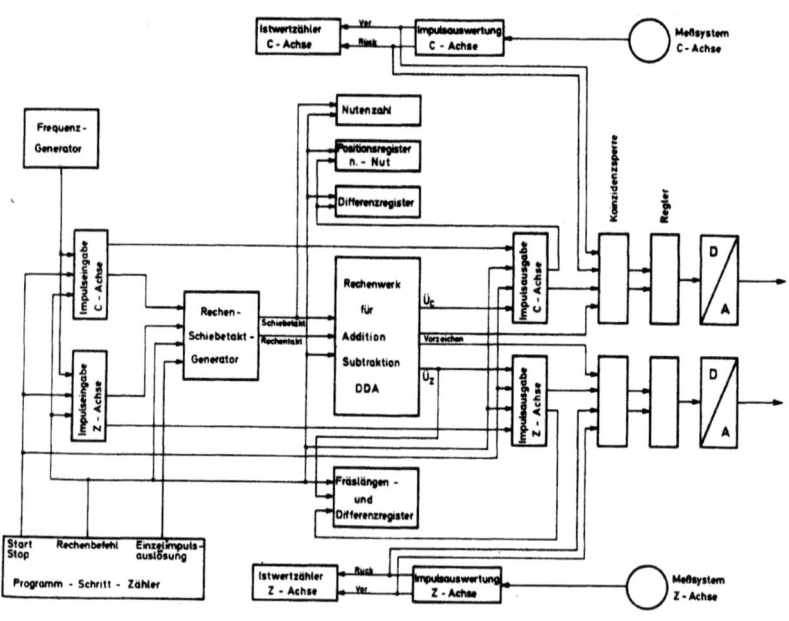

Bild 8/13: Blockschaltbild der Steuerung

8.6.1 Der Rechen- Schiebetaktgenerator

Für die Erzeugung der Rechen- und Steuerbefehle aller Operationen und ihre zeitliche Koordination ist ein zentrales Steuerwerk, der Programm - Schritt - Zähler (PSZ), vorgesehen. Die Rechen- und Schiebetakte werden in einem getrennt angeordneten Frequenzgenerator gebildet. Einmalige Rechenvorgänge werden dabei vom PSZ ausgelöst, während die Mehrfachadditionsschritte durch die Impulse des Frequenzgenerators getriggert werden.

Alle Rechenoperationen, an denen beide Achsen beteiligt sind, benötigen zwei Rechen- und Schiebetakte. Die Rechenzeit hängt von der Operationsart, der Stellenzahl, dem Code und der Verzögerungszeit der Bauelemente ab. Die hier verwendeten integrierten Bausteine der TTL- Serie SN 74 gestatten bei fünf Dekaden eine Addition in 1,45 μs und eine Subtraktion in 2,60 μs durchzuführen. Da die Schiebezeit gegenüber der Rechenzeit vernachlässigt werden kann, weil sie bei paralleler Signalverarbeitung nur von einem Bauelement, dem gewählten Speicherbaustein abhängt, ist es möglich, für die Addition, die Subtraktion und die Mehrfachaddition denselben Rechen- und Schiebetaktgenerator zu verwenden. Die angegebenen Zeiten werden durch die ausgeführte Anlage weit unterboten, da ihrer Berechnung die ungünstigsten Angaben zugrunde liegen. Der Rechentakt selbst ist wesentlich kürzer als die benötigte Rechenzeit. Seine Funktion entspricht der des Schiebetaktes.

8.6.2 Der Frequenzgenerator

Zur Bildung des Grundtaktes, von dem die Vorschub- und Eilgangbewegungen abgeleitet werden, ist ein Frequenzgenerator vorgesehen. Die Wahl des Steigungsparameters h zur Charakterisierung der Raumkurve hat zu dem unterschiedlichen Aufbau der Steuergleichungen der Achsen geführt und mit Gleichung 8-10 zur Ermittlung des Rechentaktes eine Rechenvorschrift geliefert, die mit geringem Aufwand in digitaler Technik nicht realisiert werden kann. Der Frequenzbereich, den der Generator überstreichen muß, hängt von der maximalen Vorschubgeschwindigkeit, dem Stellbereich der Antriebe und der Geometrie des Werkstückes ab. Mit vier Dekaden lassen sich die Taktfrequenzen aller Bearbeitungsfälle einstellen.

Um jeden Frequenzwert mit derselben Toleranz darstellen zu können, wird nach Bild 8/14 die konstante Frequenz eines Oszillators dekadisch herabgesetzt und zwischen zwei Dekaden zusätzlich eine einstellbare Teilung vorgesehen. Zur Erzeugung der Grundfrequenz dient ein quarzstabilisierter Sinusoszillator, der mit 2 MHz schwingt. Ihm ist ein Rechteckimpulsformer nachgeschaltet. Diese Art der Impulserzeugung besitzt gegenüber einem quarzstabilisierten Rechteckoszillator den Vorteil, daß der Kristall nicht durch den starken Oberwellenanteil einer Rechteckschwingung überbeansprucht wird und vorzeitig altert.

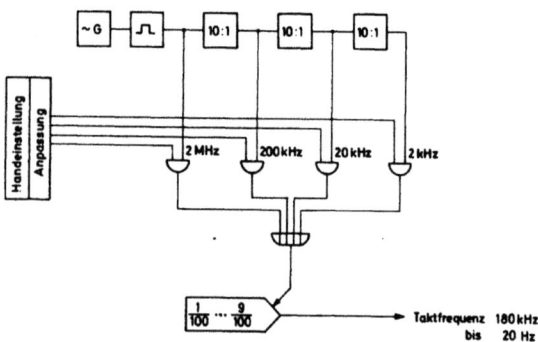

Bild 8/14: Blockschaltbild des Frequenzgenerators

Zur Feinauflösung der dekadisch gestuften Frequenzen kann wieder das DDA- Verfahren Anwendung finden. Bei einer geforderten Einstellgenauigkeit der Vorschubgeschwindigkeit von $\pm 5\ \%$ ist eine Dekade, wie sie in Bild 8/7 entwickelt wurde, ausreichend. Um die Äquidistanz der Impulse eines einstufigen DDA's zu verbessern, ist die Schaltung um eine Dekade bei gleichzeitiger Erhöhung der Eingangsfrequenz erweitert worden.

Die Taktfrequenzen für die Eilgangbewegungen lassen sich entweder unter Dazwischenschaltung von Untersetzerstufen direkt aus den von der Grundfrequenz abgeleiteten Hauptfrequenzen gewinnen oder werden in getrennt angeordneten Schwingschaltungen, die auf der Basis von astabilen Kippstufen arbeiten, erzeugt. Der Einsatz von nicht stabilisierten Schwingschaltungen für die Eilgangbewegung ist wegen der geringen Anforderungen an die Genauigkeit und damit an die Alterungsbeständigkeit der Schaltung zulässig. In der Steuerung wurde die zweite Lösung realisiert.

8.6.3 Die Erfassung der Istwerte

Die inkrementalen Drehgeber liefern pro Umdrehung auf zwei Kanälen je 250 Impulse, aus denen in einer Diskriminatorschaltung die Drehrichtung erfaßt und durch Auswertung der Impulsflanken eine Vervierfachung der Signale erzielt wird. Auf einem weiteren Kanal wird pro Umdrehung ein Nullimpuls ausgegeben. Die in Vorwärts- Rückwärtszählern aufsummierten Gebersignale stehen als absolute Wegmaße dem Rechenwerk und den Anzeigeeinheiten zur Verfügung. Die optimale Auslegung von Zählschaltungen ist eng mit dem augenblicklichen Stand der Bauelementeentwicklung verbunden. Solange dekadisch organisierte Vorwärts- Rückwärtszähler in integrierter Technik nicht allgemein verfügbar waren, konnte man den Aufbau dieser Istwertzähler im hier gewählten Exzeß - 3 - Code als optimale Lösung ansehen, zumal sie es gestatteten, dem Rechenwerk die Information direkt zuzuführen und für die Wandlung in den für die Anzeige benötigten 1-aus-10-Code die entsprechenden Bausteine angeboten wurden.

Nachdem man heute beim Schaltungsentwurf vom Vorhandensein integrierter Vowärts- Rückwärtszähldekaden im BCD-Code ausgehen kann, ist es wirtschaftlicher,den Zähler in diesem Code aufzubauen und die Information für das Rechenwerk umzuschlüsseln, wozu pro Dekade die duale Drei hinzuaddiert werden muß.

Die inkrementale Wegerfassung erfordert nach dem Einschalten der Anlage die Abstimmung des Zählerstandes auf die Lage der Koordinatenachsen. Der im PSZ vorgesehene Programmpunkt ANNP ist in der Betriebsart HND auszuführen. Die sich in den Endlagen befindenden Achsen überfahren in vorgeschriebener Richtung je einen Nocken, deren Signale gespeichert werden und die Voraussetzung dafür sind, daß die folgenden Nullimpulse der Wegmeßsysteme den Zählerstand auf Null setzen (Zustandsdiagramm vergleiche Bild 8/20).

8.6.4 Koinzidenzsperre, Wegregler, Digital- Analog- Umsetzer

Die Ausgangsimpulse der Torschaltungen der einzelnen Operationen werden zusammengefaßt den Wegregelkreisen der Achsen zugeführt. Da der Soll- Istwertvergleich digital erfolgt, durchlaufen die vom Rechenwerk kommenden Sollwerte und die vom Meßsystem kommenden Istwerte eine Koinzidenzsperre, die dafür sorgt, daß dem Regler nie gleichzeitig auftretende Impulse zugeführt werden. Dem Regler ist ein Digital-Analog-Umsetzer nachgeschaltet, der die Soll- Istdifferenz als analogen Sollwert dem Geschwindigkeitsregelkreis anbietet.
Der Koinzidenzsperre werden Signale auf vier Leitungen zugeführt, die Vorwärts- und Rückwärtsimpulse der Sollwerte und der Istwerte. Es muß verhindert werden, daß Soll- und Istwertimpulse gleichzeitig in den als Zähler aufgebauten Wegregler einlaufen. Es treten vier verbotene Kombinationen auf:

1. Ein Istwert- und Sollwertimpuls der Vorwärtsrichtung treffen aufeinander.
2. Ein Istwert- und Sollwertimpuls der Rückwärtsrichtung treffen aufeinander.
3. Ein Istwertimpuls der Vorwärtsrichtung und ein Sollwertimpuls der Rückwärtsrichtung treffen aufeinander.
4. Ein Istwertimpuls der Rückwärtsrichtung und ein Sollwertimpuls der Vorwärtsrichtung treffen aufeinander.

In den beiden ersten Fällen müssen zwei vom Regler noch auflösbare Impulse der Vorwärts- oder Rückwärtsrichtung gebildet werden und in den beiden letzten Fällen darf kein Impuls an den Regler ausgegeben werden. Der Fall, daß Impulse gleicher Verfahrrichtung aufeinandertreffen tritt dann ein, wenn ein Bewegungsvorgang gestartet wird, solange die Koordinate Regelschwingungen durchführt.

Die hier vorgestellte Schaltung ist eine Erweiterung der von M. Kalthoff [23, 24] vorgeschlagenen Lösung. Die von den Meßsystemen und dem Rechenwerk abgegebenen Impulse (V_{11}, R_{21}) werden zunächst in monostabilen Kippstufen zu Impulsen definierter Länge geformt (V_{12}, R_{22}). Die Impulsdauer ist im Grenzfall identisch mit der Reaktionszeit des Reglers (Bild 8/15).

Um Impulse entgegengesetzter Verfahrrichtung bei absoluter oder teilweiser Koinzidenz auszulöschen, werden zunächst an ihren negativen Flanken verzögert weitere Impulse (V_{13}, R_{23}) abgeleitet. Parallel hierzu wird nach Erfassung der Koinzidenz hinter der dazu verwendeten UND-Schaltung der Impuls I_4 gebildet, der V_{13} und R_{23} überdeckt, sodaß durch die Zusammenführung der Impulse nach der Schaltung von Bild 8/15 an den Ausgängen für Vor- und Rückwärtsrichtung keine Signale anstehen. Die Kippstufe, die I_4 erzeugt, wird nicht angestoßen, solange keine Koinzidenz auftritt; die Eingangssignale erscheinen zeitverzögert an den entsprechenden Ausgängen.

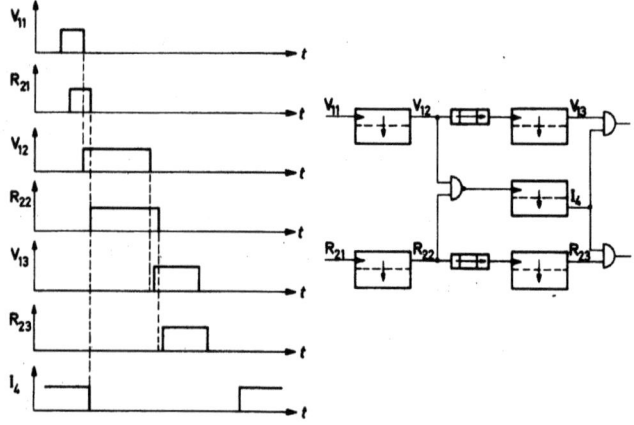

Bild 8/15: Schaltung und Impulsdiagramm der Koinzidenzsperre für Impulse verschiedener Verfahrrichtung

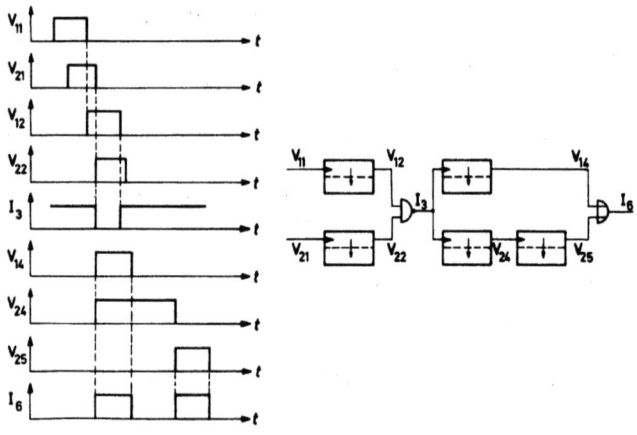

Bild 8/16: Schaltung und Impulsdiagramm der Koinzidenzsperre für Impulse gleicher Verfahrrichtung

Impulse der gleichen Verfahrrichtung werden bei Koinzidenz nach
Bild 8/16 zeitlich gegeneinander versetzt. Liegt keine Koinzidenz
vor, bleibt das Gatter unwirksam.

Bei der Zusammenschaltung beider Gattertypen, die jeweils zweimal benötigt werden, muß Doppelimpulsausgabe vermieden werden.
Beide Gattertypen geben bei Koinzidenz von Impulsen gleicher
Verfahrrichtung Ausgangssignale ab. Um den vom Gatter nach
Bild 8/16 kommenden Impuls zu vernichten, wird in dieser Schaltung die monostabile Kippstufe, die Impuls I_4 erzeugt, zusätzlich angestoßen und Koinzidenz simuliert (Bild 8/17).

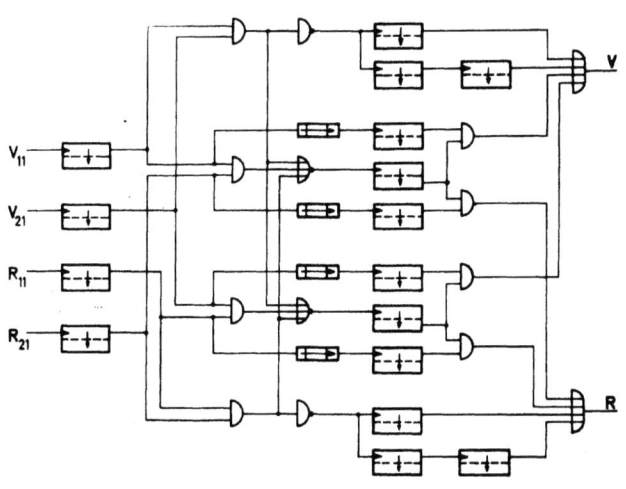

Bild 8/17: Koinzidenzsperre

Die von der Koinzidenzsperre zur Zählung aufbereiteten Impulse gelangen in den Wegregler, der als dualer Vorwärts- Rückwärtszähler organisiert ist. Die Auslegung hängt von der Größe des sogenannten Schleppabstandes s_a ab, der Wegstrecke, um die die Achse im stationären Zustand der Sollwertvorgabe nacheilt und der durch die Bahngeschwindigkeit v und die Geschwindigkeitsverstärkung k_v ausgedrückt wird [18] : $s_a = v/k_v$. Bei der für diese Anlage höchsten Bahngeschwindigkeit von 1200 mm/min und einem relativ niedrig angesetzten k_v = 10 1/s ist mit stationären Schleppabständen zu rechnen, die kleiner als 2 mm sind.

Die im Vergleich zu den Zeitkonstanten des Lageregelkreises kleinen Reaktionszeiten des Wegreglers gestatten es, sein regelungstechnisches Verhalten näherungsweise als das eines Proportionalgliedes zu betrachten.

Bei Verwendung eines 10-Bit-Zählers mit zusätzlicher Vorzeichenstelle und unter Berücksichtigung der Zuordnung des Zählerstandes zur Stellgröße nach folgender Tabelle :

2^{10}	2^9	2^8	2^7	2^6	2^5	2^4	2^3	2^2	2^1	2^0	
L	0	0	0	0	0	0	0	0	L	0	+ 2
L	0	0	0	0	0	0	0	0	0	L	+ 1
L	0	0	0	0	0	0	0	0	0	0	0
0	L	L	L	L	L	L	L	L	L	L	- 1
0	L	L	L	L	L	L	L	L	L	0	- 2

zeigt Bild 8/18 die Decodierung des positiven und negativen Regelbereiches. Um im Störungsfall den Einlauf zu vieler Impulse in den Regler zu verhindern, wird die höchstwertige Binärstelle als Warngrenze verwendet und als eine weitere UND-Bedingung in den Impulsausgabetorschaltungen berücksichtigt. Diese Maßnahme begrenzt die Charakteristik des Reglers.

Im Digital - Analog - Umsetzer wird das digitale Steuerungsprinzip verlassen. Die Genauigkeit, die bisher nur von der Störanfälligkeit des verwendeten Bausteinsystems beeinträchtigt wurde, wird jetzt durch die Eigenschaften der Bauelemente beeinflußt. Der hier gewählte Wertevorrat des Reglers kann nach jedem der bekannten Verfahren [25] mit der gewünschten Genauigkeit von $\pm$ 1 Bit, in der auch der digitale Teil der Steuerung arbeitet, in eine Spannung umgesetzt werden.

Für den Aufbau in diskreter Technik eignet sich das Stromsteuerungsprinzip bei Verwendung eines Widerstands-Leiternetzwerks nach Bild 8/18. Unter Voraussetzung idealer Stromschalter $S_0...S_9$, die von den Kippstufen des Reglers angesteuert werden und bei L- Signal bzw. O- Signal die Referenzspannung U_R bzw. 0 V an die Widerstände R des Leiternetzwerkes legen, ergibt sich die Leerlaufspannung am Ausgang des Leiternetzwerkes zu:

$$U_1 = U_R \, 2^{-(n+1)} (a_0 \, 2^0 + a_1 \, 2^1 + ... + a_n \, 2^n) \quad (8-13)$$

wenn n = s - 1 und s die Stellenzahl des Netzwerkes ist.
Bei einem Innenwiderstand des Netzwerkes von R_i = R/2 ist die Spannung am Ausgang des Operationsverstärkers

$$U_a = \frac{R_2}{R_1 + R_i} U_1 \, . \quad (8-14)$$

Für das Leiternetzwerk werden nur zwei Widerstandswerte benötigt. Man hat den Vorteil, Widerstände der gleichen Fertigung verwenden zu können und somit die Fehler, die durch die Widerstandstoleranz bedingt sind, klein zu halten. Ein weiterer Einflußfaktor auf die Genauigkeit des Ergebnisses ist die Schalteigenschaft des Transistorschalters. Beide Einflüsse werden in der Literatur behandelt. Die nach [26] angegebenen Genauigkeiten von $\pm$ 0,05% lassen sich sogar mit vertretbarem Aufwand unterbieten.

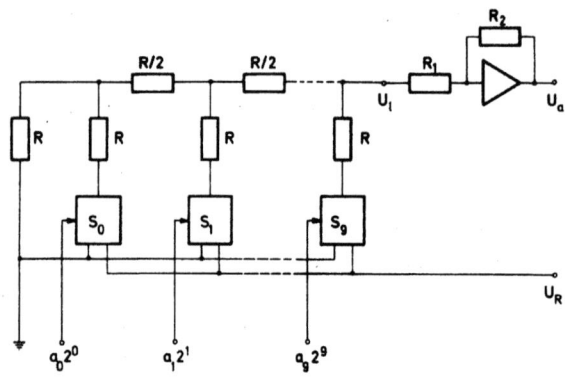

Bild 8/18: Widerstands- Leiternetzwerk des Digital - Analog - Umsetzers

8.7 Der Programmschrittzähler: PSZ

Der PSZ überwacht den Programmablauf. In ihm werden die Signale zur Steuerung des Datenflusses erzeugt. Voraussetzung für den Entwurf des PSZ ist die Erfassung aller wesentlichen Betriebszustände der Anlage. Der in Kapitel 8.1 angegebene Bearbeitungsablauf ist als Zustandsdiagramm in Bild 8/19 skizziert. Jeder der sieben Hauptzustände besteht selbst wieder aus Zustandsfolgen, die schrittweise den Ablauf jeder Operation beschreiben.

Soweit es der Programmablauf gestattet, sind die Bedingungen für den Übergang zwischen zwei Hauptzuständen gleich. Voraussetzung ist, daß der vorhergehende Programmschritt vollständig abgearbeitet ist, daß eine der drei Automatikbetriebsarten vorliegt und ein Startsignal ansteht. Zusätzlich wird verlangt, daß die Konsole abgesenkt ist und die durch Positionsänderungen

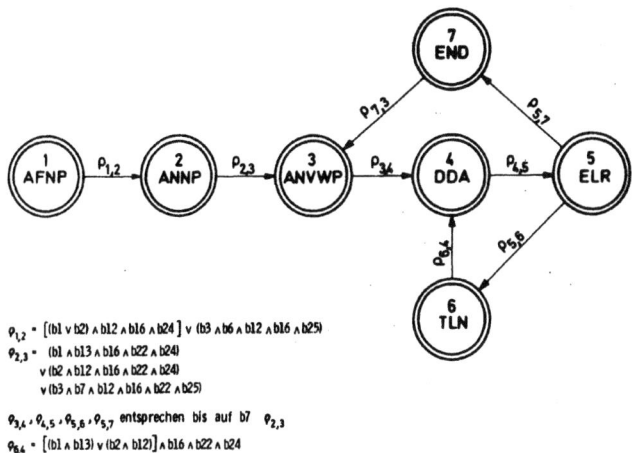

$\rho_{1,2} = [(b1 \vee b2) \wedge b12 \wedge b16 \wedge b24] \vee (b3 \wedge b6 \wedge b12 \wedge b16 \wedge b25)$

$\rho_{2,3} = (b1 \wedge b13 \wedge b16 \wedge b22 \wedge b24)$
$\vee (b2 \wedge b12 \wedge b16 \wedge b22 \wedge b24)$
$\vee (b3 \wedge b7 \wedge b12 \wedge b16 \wedge b22 \wedge b25)$

$\rho_{3,4}, \rho_{4,5}, \rho_{5,6}, \rho_{5,7}$ entsprechen bis auf b7 $\rho_{2,3}$

$\rho_{6,4} = [(b1 \wedge b13) \vee (b2 \wedge b12)] \wedge b16 \wedge b22 \wedge b24$

$\rho_{7,3} = (b1 \vee b2) \wedge b12 \wedge b16 \wedge b22 \wedge b24$

<u>Bild 8/19:</u>　Hauptzustandsfolge in den numerischen Betriebsarten

Liste der in den Bildern 8/19 ff verwendeten Signale

Betriebsarten		externe Steuersignale	
b 1	ANC	b12	Start dynamisch
b 2	ENZS	b13	Start statisch
b 3	ENZO	b14	Stop
b 4	HND	b15	Löschen
Programmschritte		b16	Konsole abgesenkt
b 5	AFNP	b17	Konsole angehoben
b 6	ANNP	b18	Nockensignal Z
b 7	ANVWP	b19	Nockensignal C
b 8	DDA	b20	Nullsignal Z
b 9	ELR	b21	Nullsignal C
b10	TLN		

interne Steuersignale
- b22 Regelabweichung beider Achsen kleiner als vorgeg.Toleranz
- b23 letzte Nut geschnitten
- b24 Quittung des Vorzustandes
- b25 Quittung der ODER-Verknüpfung aller Vorzustände
- b26 Quittung Rechenvorgang abgeschlossen
- b27 DDA Stop

Im PSZ erzeugte Signale

c 1	Istwertzähler zurücksetzen Z	c 7	Übernahme der Fräslänge ins Fräslängenregister
c 2	Istwertzähler zurücksetzen C	c 8	Rücksetzen der Toleranzwertspeicher der Regler
c 3	Konsole anheben	c 9	Rechenbefehl DDA
c 4	Additionsbefehl Umrechnen der Steigungswerte	c10	DDA Start
		c11	n-te Nut geschnitten
c 5	Einzelimpulsauslösung	c12	Konsole absenken
c 6	Rücksetzen der DDA-Register		

bedingten Bewegungen der Achsen beendet sind. Die letzte Bedingung kann beim Übergang von Programmpunkt 1 zu Programmpunkt 2 entfallen, wenn der Programmpunkt 1 in der konventionellen Betriebsart durchgeführt wird. Der Programmpunkt 7 wird erreicht, wenn die Zusatzbedingung "letzte Nut geschnitten" vom Nutenzähler ausgegeben wird.

Um das Abklingen einer Regelschwingung nach Erreichen einer Position zu erfassen, wird vom Regler ein Signal gegeben, sobald sein Zählerstand einen vorgegebenen Toleranzwert unterschreitet. Das Signal wird gespeichert und zu Beginn eines jeden Rechenvorganges gelöscht.
Um Rechen- und Bewegungsvorgänge auszulösen und zu beenden, werden vier Steuersignale benötigt. Das dynamische Startsignal ist auslösende Bedingung für die Durchführung jeder Operation in den Betriebsarten ENZS und ENZO. In der Betriebsart ANC wird dadurch der Gesamtablauf gestartet. Während der Abarbeitung eines

Hauptprogrammpunktes muß das statische Startsignal ständig anstehen. Ein Stopsignal unterbricht jeden Bewegungsvorgang; unvollständig ausgeführte Rechenprozesse müssen wiederholt werden. Um bei teilweise abgelaufenem Programm die Möglichkeit einer Wiederholung zu haben, wird ein Signal "Programm Löschen" eingeführt. Es ist nur bei vorheriger Auslösung des Stopsignals wirksam.

An den Zustandsübergängen sind die konjunktiven Verknüpfungen aller benötigten Variablen angegeben. Die Darstellung der Zustandsfolgen ist in Anlehnung an die in der Automatentheorie übliche gewählt [27]. Im folgenden wird auf die Bildung der Steuerbefehle am Beispiel zweier Programmpunkte näher eingegangen.

8.7.1 Programmablauf: AFNP

Beim Entwurf des Steuerwerks wird vom Zustandsdiagramm ausgegangen. Für die in Kapitel 8.6.3 beschriebene Aufgabe, zwei Nocken- und zwei Nullsignale in vorgeschriebener Reihenfolge zu erfassen, muß zwischen neun Zuständen unterschieden werden (Bild 8/20). Da die Nockensignale beider Achsen gleichberechtigt behandelt werden, sind nach Verlassen des Ausgangszustandes die drei Zustände direkt zu erreichen, die das Eintreffen der Nockensignale kennzeichnen. Vor Erreichen des Endzustandes sind noch vier weitere Zwischenzustände möglich. Wegen der vorgeschriebenen Reihenfolge von Nocken- und Nullsignalen und der Tatsache, daß konstruktiv das gleichzeitige Eintreffen von Nocken- und Nullsignal in einer Achse verhindert ist, müssen viele der möglichen Zustandsübergänge nicht näher untersucht werden. Im Zustandsdiagramm sind nur die Eingabezeichen angegeben, die erlaubte Zustandsübergänge auslösen.

Um die neun Zustände schaltungstechnisch realisieren zu können, werden mindestens vier Speicherbausteine benötigt. Durch die Verwendung statisch anzusteuernder, dominierend löschend wirkender RS- Speicher [28], ist die Frage der Vorrangigkeit von Start- oder Stopsignal für den gesamten PSZ eindeutig festgelegt.

In die sich aus dem Zustandsdiagramm ergebende Schaltung sind
auch weitere wesentliche Bedingungen zum Erreichen und Durchlaufen des Programmschrittes aufgenommen.

Die hier gewählte Zustandscodierung erlaubt es nicht, die Steuersignale direkt aus den Zuständen der Speicherbausteine abzuleiten.
Den Speicherbausteinen sind Ausgangszuordner nachgeschaltet.

Jeder Programmpunkt wird mit einem Endzustand abgeschlossen, dem
prinzipiell ein Speicherbaustein zugeordnet ist. Von ihm wird die
Übergabebedingung für den folgenden Hauptzustand abgeleitet und
in ihn kehrt das Netzwerk zurück, wenn der folgende Programmablauf
durch ein Stopsignal unterbrochen wird, solange noch keine Achsbewegung erfolgte. Den Endzustand des ersten Programmschrittes
nimmt ausserdem das Netzwerk immer dann ein, wenn das Programm
gelöscht wurde. Mit dem Eintreten in einen neuen Hauptzustand
wird der soeben verlassene gelöscht.

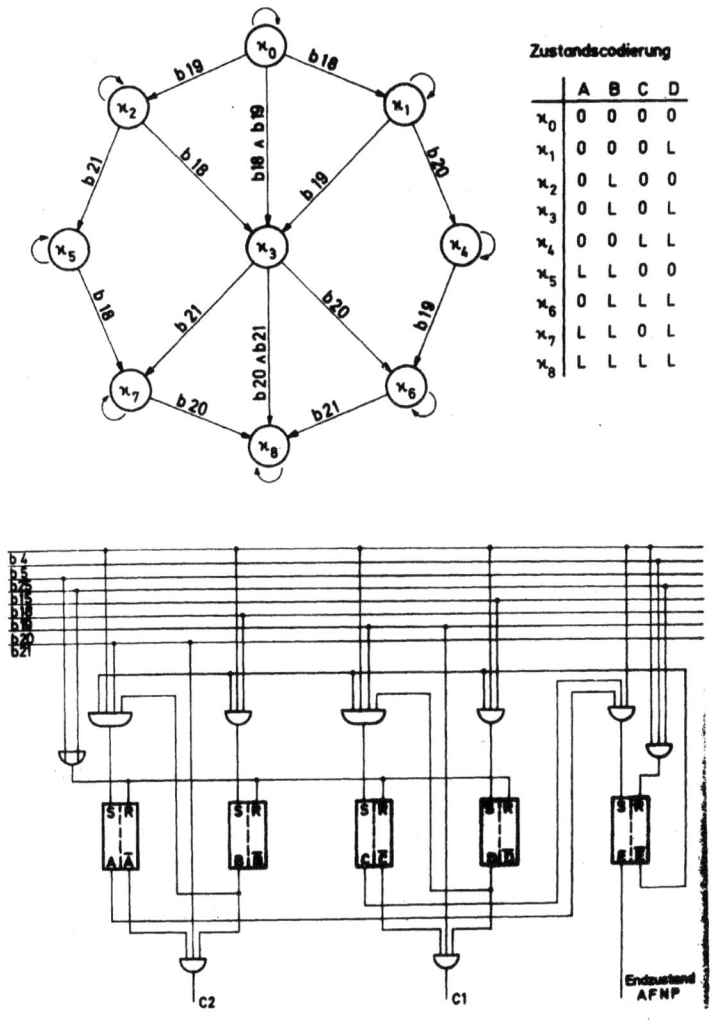

Bild 8/20: Zustandsfolge und Schaltung des ersten Programmschrittes

8.7.2 Programmablauf: DDA

Für das Eintreten in diesen Hauptzustand muß die Maschine in den Betriebsarten ANC oder ENZS die Programmschritte ANVWP oder TLN durchlaufen haben. Für die Betriebsart ENZO ist jeder Endzustand als Ausgangspunkt für den Übergang zu diesem Programmschritt zugelassen.

Um den Fräsvorgang starten zu können, muß zunächst die Konsole angehoben werden. Das Quittungssignal löst den Additionsbefehl zur Umrechnung des eingegebenen Steigungswertes aus, dem verzögert das Signal an den PSZ zur Abgabe eines Rechen- und Schiebetaktes folgt. Gleichzeitig werden die z-Register des DDA gelöscht. Der durchgeführte Rechenvorgang wird vom Rechen-Schiebetakt-Generator quittiert.

Zur Durchführung der DDA-Operation werden ein vorbereitender Zustand, der eigentliche Bearbeitungszustand und ein den Vorgang abschließender Zustand benötigt. Vorbereitende Maßnahmen sind: Übernahme der Fräslänge ins Fräslängenregister, Bildung des Rücksetzsignals b22 und die Ausgabe des Rechenbefehls DDA. Die Bewegung wird im folgenden Zustand ausgelöst. Ein Stopsignal schließt Ein- und Ausgabetore. Das leergezählte Fräslängenregister beendet die Bewegung und veranlaßt im letzten Arbeitszustand das Absenken des Tisches. Bei abgesenktem Tisch wird der Endzustand erreicht.

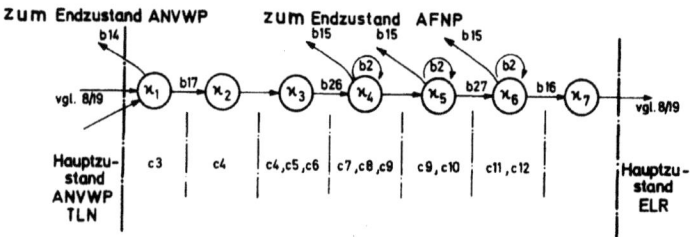

Bild 8/21: Zustandsfolge des vierten Programmschrittes

Die Zuordnung der erzeugten Steuerbefehle zu den Zuständen
ist im einzelnen in Bild 8/21 dargestellt. Im Gegensatz zum
ersten Programmschritt ist für alle anderen eine redundantere
Zustandscodierung gewählt worden. Aus Gründen der Übersicht,
wird jeder Zustand durch einen Speicherbaustein realisiert.
Beim Durchlaufen der Zustandsfolge werden die Speicherbausteine nacheinander gesetzt.

8.8 Gesichtspunkte zum Aufbau der Steuerung

Der heutige Stand der Entwicklung der Bauelemente ist die Voraussetzung für den wirtschaftlichen Aufbau einer Sondersteuerung dieses Umfangs. Der Einsatz integrierter Schaltkreise
gestattet es, den Digitalteil der Anlage auf 14 mit maximal je
70 Bauelementen bestückten Karten unterzubringen. Die Karten-
und Rahmenverdrahtung der als Vormuster ausgeführten Steuerung
erfolgte in der Wire-Wrap-Technik und besitzt damit eine gewisse Flexibilität gegenüber Änderungen in der Auslegung
einzelner Schaltungsteile.

Den Vorteilen integrierter Bauelemente, die gekennzeichnet sind
durch ihre bemerkenswerte Preisentwicklung, der erhöhten Zuverlässigkeit der Funktionsweise der Schaltungsteile durch den
hohen Grad der Integration, der Verringerung der Baugröße und
der Ausbaustufe des hier eingesetzten TTL-Systems, muß der
Nachteil einer geringen Störsicherheit gegenübergestellt werden.
Die Störsicherheit wird durch den statischen und dynamischen
Störabstand charakterisiert. Der vom Hersteller garantierte
statische Störabstand beträgt o,4 V. Da dieser Wert bis in die
Größenordnung der Grenzfrequenz des Schaltkreissystems mit dem
dynamischen Störabstand identisch ist, die Störspannungen, die
durch Schaltgeräte in anderen Anlagenteilen erzeugt werden,
jedoch in diesem Frequenzbereich noch 1 V übertreffen [29],
sind Schutzmaßnahmen gegen Störungen unerläßlich.

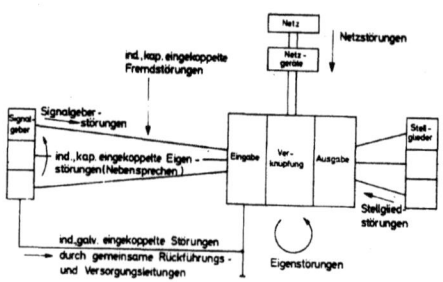

Bild 8/22: Einwirkungsmöglichkeiten von Störungen auf
elektronische Steuerungssysteme

Es gibt zwei Möglichkeiten den Störungen zu begegnen. Es
müssen die Störquellen, soweit sie ermittelt werden können,
selbst entstört werden [30] und es sind Schutzmaßnahmen vorzusehen, die das Eindringen der Störungen über die Nahtstellen
der Steuerung von peripheren Anlagenteilen verhindern [29].
Nach Bild 8/22 stellen insbesondere die Verbindungen zu den
Ein- und Ausgabegeräten und zum Netzteil der Steuerung Einwirkungsmöglichkeiten für Störungen dar, hinzu kommen die durch
den Schaltvorgang der Schaltkreise selbst ausgelösten Eigen-
störungen sowie Störungen, die durch eine vermaschte Leitungs-
führung der Stromversorgung und des Massepotentials bedingt
sind.

Die Wirksamkeit einiger Entstörmaßnahmen hängt von den am
Aufstellungsort der Steuerung vorliegenden Erdverhältnissen
ab. Schutzmaßnahmen, wie RC-Filter, die Schirmung von Leitungen
oder Schirmwicklungen an Transformatoren und Entkoppelrelais
setzen Erdwiderstände voraus, die es gestatten, auftretende

Störspannungen kurzzuschließen. Die in der Literatur empfohlenen Werte liegen bei 0,2 Ω . Wie die Erfahrungen zeigen, kann von diesen Voraussetzungen nicht immer ausgegangen werden, sodaß beim Aufbau von Steuerungen beide Wege Störungen zu begegnen eingeschlagen werden müssen.

Zusammenfassend kann zur Auslegung der im Rahmen dieser Arbeit aufgebauten Sondersteuerung festgestellt werden, daß der Stand der Entwicklung integrierter Bauelemente eine der entscheidensten Voraussetzungen zu ihrer Realisierung darstellte. Durch den Einsatz von integrierten Schaltkreisen der Großintegration (LSI) konzentriert sich der Entwurf auf die Auslegung der wesentlichen Baugruppen der Steuerung auf das Rechen- und Steuerwerk. Periphere Einrichtungen, wie der Frequenzgenerator, der Digital-Analog-Wandler und die Geräte zur Auswertung und Erfassung der Gebersignale sind sogar als fertige Baueinheiten erhältlich. Deshalb wurden diese Baugruppen nicht im einzelnen vorgestellt.

Die grundsätzlichen Fragen, die im Zusammenhang mit der Organisation des Rechenwerkes zu klären sind, betreffen die Wahl des Codes und die Rechenzeit zur Durchführung des DDA Verfahrens. Die Anforderungen an das hier behandelte Beispiel gestatteten es, die **Vorschubimpulse** beider numerisch gesteuerten Achsen in einem Rechenwerk nacheinander zu ermitteln. Im Steuerwerk ist die Programmfolge festgelegt; in ihm werden auch die Signale für die Stellglieder der Maschine erzeugt. Die Programmfolge wird in einzelne Zustände aufgelöst. Die 1- aus- n- Codierung der Zustände des Steuerwerkes ist im Hinblick auf Änderungen der Programmfolge gewählt worden.

9 Zusammenfassung

In der vorliegenden Arbeit wurden die Probleme aufgezeigt, die bei der Auswahl und dem Entwurf einer geeigneten Sondersteuerung für eine spezielle Fertigungsaufgabe entstehen. Um optimale Lösungen für das Steuerungskonzept zu finden, ist es zweckmäßig, die Aufgabe als Ganzes, von der Geometrie des zu fertigenden Teils, über die Möglichkeiten, die durch die Achsanordnung der Maschine gegeben sind, bis zu den Steuerungsverfahren und Steuerungseinrichtungen zu betrachten.

Im ersten Teil sind die Eigenschaften der Bogenlänge als Parameter zur Darstellung von Raumkurven diskutiert und die Auswirkungen auf die Steuerung behandelt worden. Für das gewählte Fertigungsbeispiel sind Vorschläge zur Definition des Schneidenverlaufs bei Fräswerkzeugen mit beliebigem Meridian erarbeitet worden, da Angaben hierzu in der Literatur nicht anzutreffen sind. Die Definitionen führen bei beliebigem Profil bereits bei einfachen Forderungen auf Nutenverläufe, die für die Fertigung eine 5- Achsen - Werkzeugmaschine erforderlich machen. Die Auswahl der Maschine und insbesondere die Anordnung der Maschinenachsen haben einen direkten Einfluß auf die Auslegung der Steuerung. Im Rahmen dieser Arbeit war es nicht möglich, die einzelnen Vorschläge zur Definition des Drallnutenverlaufs für beliebige Achsschnittprofile im Hinblick auf den Zerspanungsvorgang beim Fräsen mit solchen Werkzeugen durch praktische Untersuchungen zu prüfen.

Die Wahl des Steuerungsverfahrens ist zunächst direkt von der Aufgabenstellung abhängig. Eine festverdrahtete, mit konstantem Wegraster arbeitende Steuerung, wie sie im einzelnen im dritten Teil der Arbeit für eine spezielle Fertigungsaufgabe entwickelt wurde, ist besonders dann vorteilhaft einzusetzen, wenn die Geometrie des zu fertigenden Teils bis auf die Änderung weniger Parameter festlegt und die Kurvenform keine übertriebenen Anforderungen an die Integratorkonfiguration stellt. Diese speziellen Lösungen haben den Vorteil, die Arbeitsgeschwindigkeit elektronischer Bausteinsysteme bei entsprechenden Zugeständnissen an die Entstörmöglichkeiten voll auszunützen.

Die rasche Entwicklung kleiner Prozeßrechner macht es erforderlich, vor Realisierung einer Sondersteuerung den Aufwand für die festverdrahtete numerische Steuerung gegenüber der Rechnerlösung abzuschätzen. Der Prozeßrechner hat den Vorteil, nahezu beliebig flexibel zu sein und von all jenen Einrichtungen und Erfahrungen im Betrieb zu profitieren, die im Zusammenhang mit anderen Rechenanlagen vorliegen. Die Wartungsfragen beschränken sich dabei auf die zusätzlich benötigten peripheren Einrichtungen und das Programm.

Für die Herstellung von Drallnuten auf zylindrischen Werkstücken ist für eine Konsolfräsmaschine eine numerische Sondersteuerung entwickelt worden. Durch ihren Einsatz kann eine Rationalisierung der Fertigung und eine Erweiterung des Einsatzbereiches der Maschine erreicht werden, da einerseits ein Teil der Einrichtearbeiten sowie die Lagerhaltung von Wechselrädern entfällt und sich andererseits das Teilespektrum der Maschine durch die Einführung von Wegmeßsystemen und der Lageregelung der Maschinenachsen erweitert, wodurch die Werkstücke mit einer höheren Genauigkeit gefertigt werden können.

Berichte aus dem Institut für Steuerungstechnik der Werkzeugmaschinen und Fertigungseinrichtungen der Universität Stuttgart

Herausgegeben von Prof. Dr.-Ing. G. Stute

ISW 1 **Numerische Bahnsteuerung**

Beitrag zur Informationsverarbeitung und Lageregelung.

Von Dr.-Ing. **Dietmar Schmid,**
1972, 89 S. mit 44 Bildern

ISBN 3-540-05834-6, ISBN 0-387-05834-6

Kart.   DM 24.–

ISW 2 **Fräsbearbeitung gekrümmter Flächen**

Flächenbeschreibung, Programmierung und Fertigung

Von Dr.-Ing. **Horst Schwegler,**
1972, 111 S. mit 36 Bildern

ISBN 3-540-05835-4, ISBN 0-387-05835-4

Kart.   DM 24.–

ISW 3 **Numerisch gesteuerte Mehrachsenfräsmaschinen**

Fräsbahnabweichungen aufgrund der Kinematik und Interpolation.

Von Dr.-Ing. **Jörg Eisinger,**
1972, 90 S. mit 45 Bildern

ISBN 3-540-05836-2, ISBN 0-387-05836-2

Kart.   DM 24.–

ISW 4 **Rechnersteuerung von Fertigungseinrichtungen**

Beitrag zur Automatisierung der Fertigung
durch den Einsatz von Digitalrechnern.

Von Dr.-Ing. **Rainer Nann**,
1972, 125 S. mit 45 Bildern

ISBN 3-540-05911-3, ISBN 0-387-05911-3

Kart. DM 36.–

ISW 5 **Zweiachsige Nachformeinrichtungen**

Untersuchung der Lageregelung bei
einem stetigen System.

Von Dr.-Ing. **Gerhard Augsten**,
1972, 140 S. mit 71 Bildern

ISBN 3-540-05912-1, ISBN 0-387-05912-1

Kart. DM 36.–

ISW 6 **Die Automatisierung der Fertigungsvorbereitung durch NC-Programmierung**

Von Dr.-Ing. **Bernhard Karl**,
1972, 121 S. mit 44 Bildern

ISBN 3-540-05913-X, ISBN 0-387-05913-X

Kart. DM 30.–

ISW 7 **NC-Programmiersystem**

Beitrag zur numerischen Verarbeitung eines
geometrischen Werkstückbeschreibungssystems

Von Dr.-Ing. **Helmut Eitel**,
1973, 117 S. mit 49 Bildern

ISBN 3-540-05914-8, ISBN 0-387-05914-8

Kart. DM 30.–

ISW 8   **Numerische Bahnsteuerung zur Erzeugung
von Raumkurven auf rotationssymmetrischen Körpern**

Von Dipl.-Ing. **Eckhard Knorr**,
1973, 130 S. mit 57 Bildern

ISBN 3-540-06464-8, ISBN 0-387-06464-8

Kart.   DM 36.—

Springer-Verlag
Berlin · Heidelberg · New York

MIX
Papier aus verantwortungsvollen Quellen
Paper from responsible sources
FSC® C105338

If you have any concerns about our products,
you can contact us on
ProductSafety@springernature.com

In case Publisher is established outside the EU,
the EU authorized representative is:
**Springer Nature Customer Service Center GmbH
Europaplatz 3, 69115 Heidelberg, Germany**

Printed by Libri Plureos GmbH
in Hamburg, Germany